ORIGO STEPPING STONES
CORE MATHEMATICS

SENIOR AUTHORS

James Burnett

Calvin Irons

CONTRIBUTING AUTHORS

Debi DePaul

Peter Stowasser

Allan Turton

PROGRAM CONSULTANTS

Diana Lambdin

Frank Lester, Jr.

Kit Norris

PROGRAM EDITORS

James Burnett

Beth Lewis

Donna Richards

ORIGO EDUCATION

PRACTICE BOOK

INTRODUCTION

ORIGO STEPPING STONES

The *ORIGO Stepping Stones* program has been created to provide a smarter way to teach and learn mathematics. It has been developed by a team of experts to provide a world-class math program.

PRACTICE BOOK

Regular and meaningful practice is a hallmark of *ORIGO Stepping Stones*. Each module in this book has pages that practice content previously learned to maintain concepts and skills, and pages that practice computation to promote fluency.

PERFORATED PAGES
The pages of this book have been perforated for your convenience.

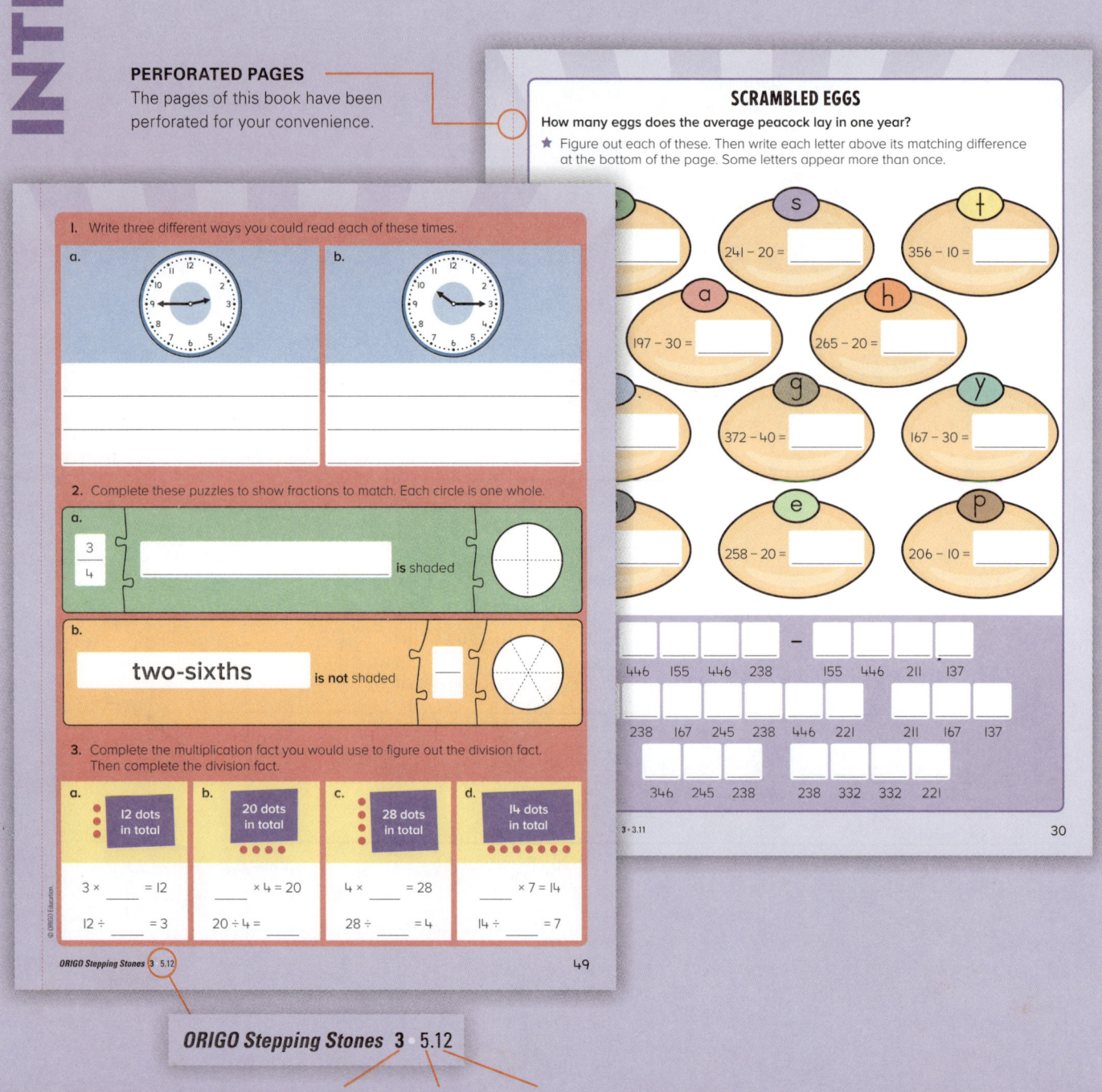

ORIGO Stepping Stones 3 • 5.12

Grade   Module   Lesson

INTRODUCTION

STUDENT JOURNAL

The student journal provides a double-page spread for each lesson in the *ORIGO Stepping Stones* program for Grade 3. Each spread includes guided discussion of enquiry, questions based on the discussion, and a final question that puts a little twist on the content to promote higher-order thinking skills.

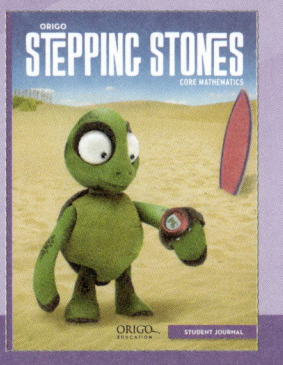

NOTES FOR HOME

Each book is one component of a comprehensive teaching program. Together they are a collection of consolidation and practice pages from lessons in the *ORIGO Stepping Stones* program.

Class teachers will decide which pages suit individual needs. So students might not complete every page in these books. For more information about the program, visit **www.origoeducation.com/steppingstones**.

ADDITIONAL RESOURCES – PRINT

The Number Case provides teachers with ready-made resources that are designed to develop students' understanding of number.

ADDITIONAL RESOURCES (ONLINE CHANNELS)

These are some of the innovative teaching channels integrated into the teacher's online program.

ORIGO MathEd

Professional learning sessions

Flare

Interactive whiteboard tools

Fundamentals Game Boards

Interactive games

ORIGO Stepping Stones 3

1. Write **how far away** each number is from the nearest hundred.
   You can draw lines to help you.

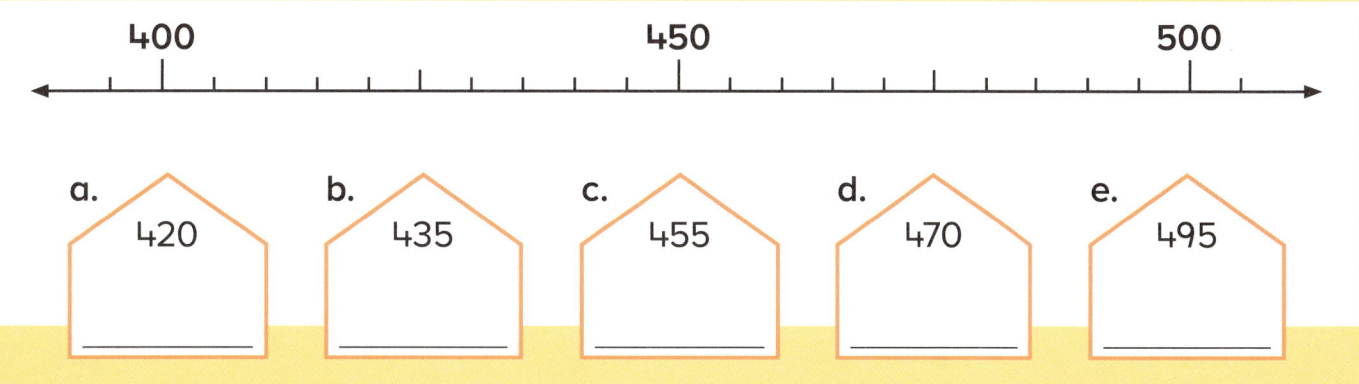

2. Split each number into hundreds, tens, and ones. There is more than one way.

   a. 375 is the same as

   __3__ hundreds, __7__ tens, and ____ ones

   b. 215 is the same as

   ____ hundreds, ____ tens, and ____ ones

   c. 836 is the same as

   ____ hundreds, ____ tens, and ____ ones

   d. 409 is the same as

   ____ hundreds, ____ tens, and ____ ones

3. Complete the missing parts.

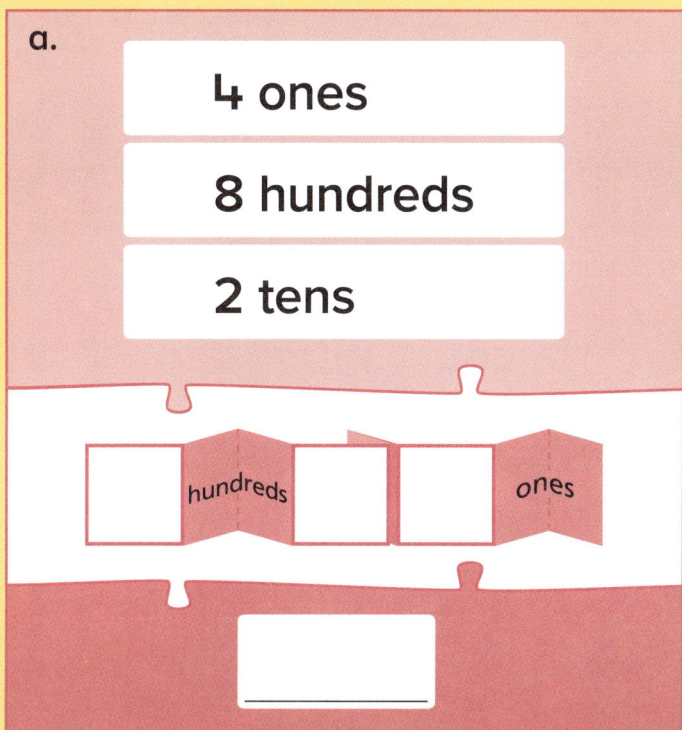

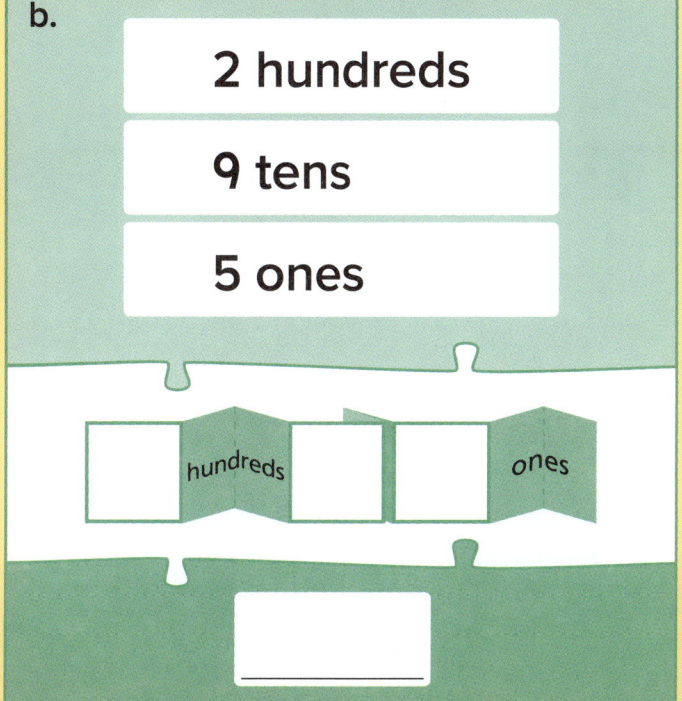

DIGGING DIRT

★ Figure out each of these and draw a straight line to the correct answer. The line will pass through a number and a letter. Write the letter above its matching number at the bottom of the page. Some answers are used more than once. The first one has been done for you.

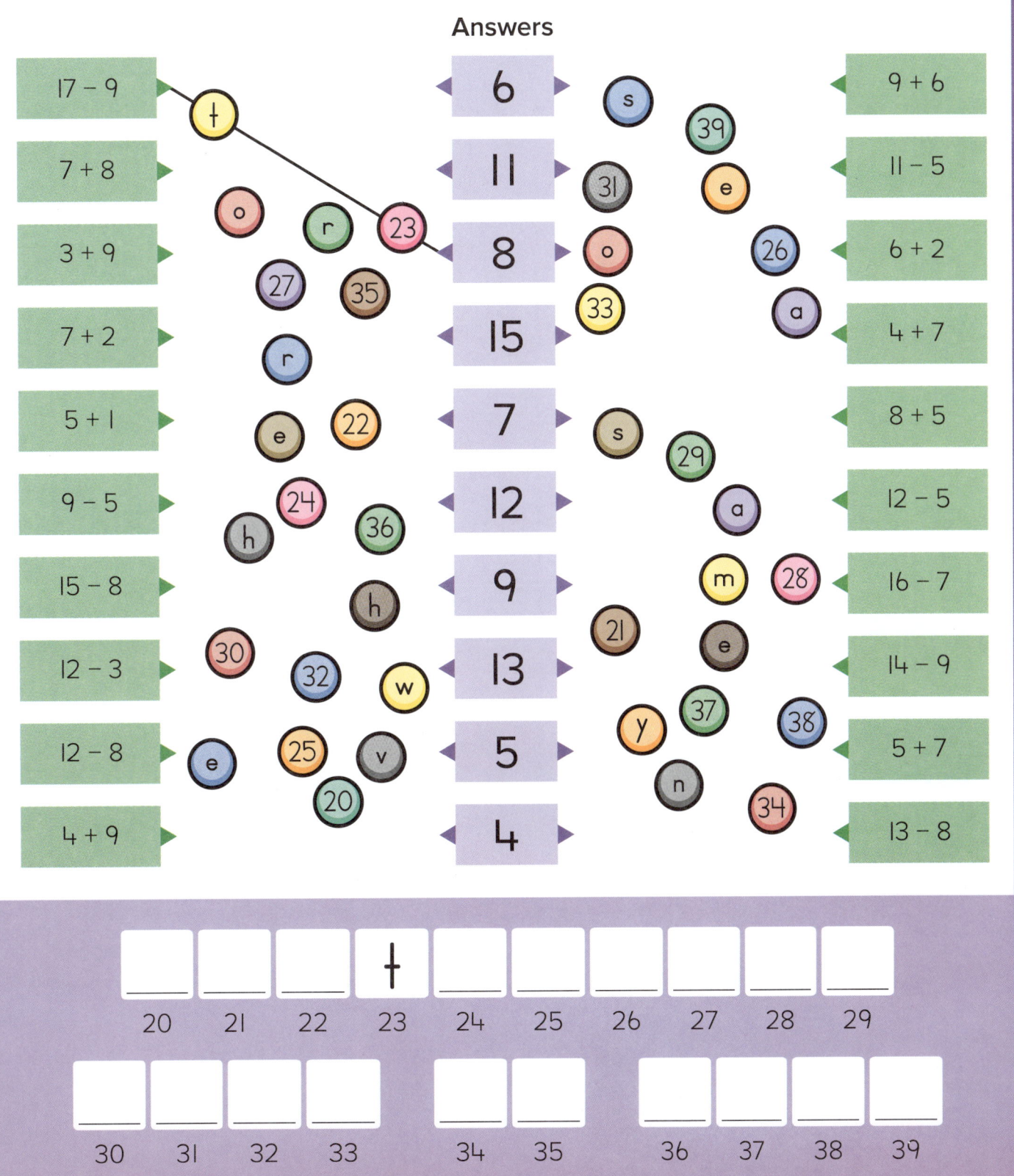

1. Write a number sentence to show how you solve each problem. You can use the number line to help.

a. Kana jumped 68 cm.
   Ella jumped 15 cm less than Kana.
   How far did Ella jump?

b. Noah jumped 45 cm.
   This was 27 cm less than Peta.
   How far did Peta jump?

2. Draw jumps to show how you subtract. Then write the difference.

a. 164 − 7 = _____
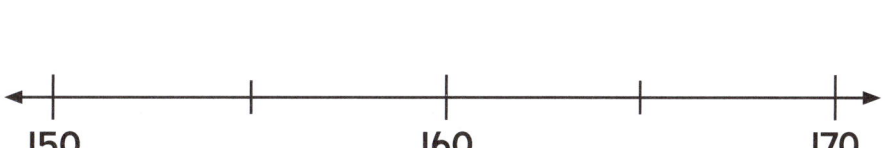

b. 132 − 6 = _____
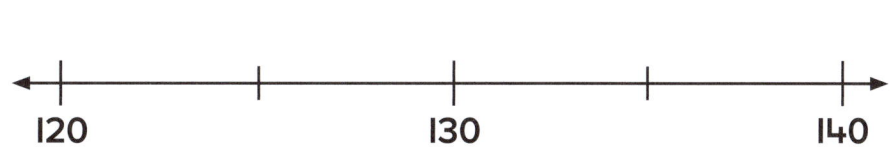

3. Look at the picture of blocks. Write the matching number on the expander and in words.

ORIGO Stepping Stones 3 1.4

1. Write the number of hundreds, tens, and ones.
   You can cross out blocks to help. Then write the difference.

a.
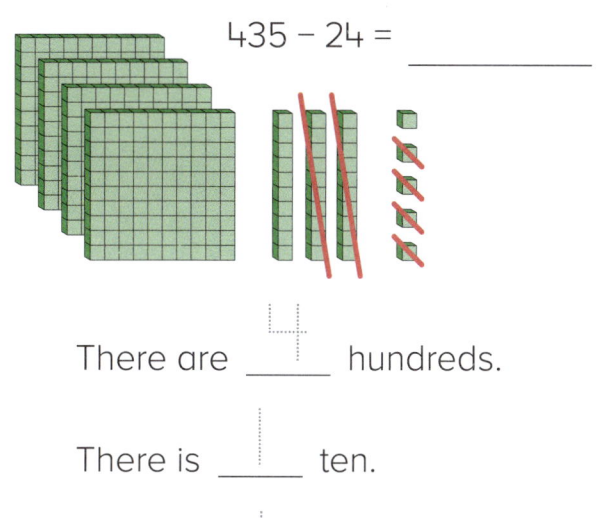
435 − 24 = _____

There are __4__ hundreds.

There is ____ ten.

There is ____ one.

b.
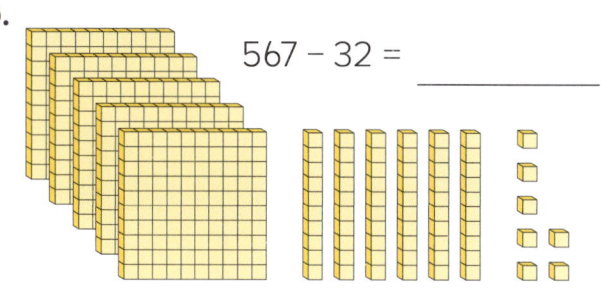
567 − 32 = _____

There are ____ hundreds.

There are ____ tens.

There are ____ ones.

2. Draw jumps to show how you would figure out these. Then write the differences.

a. 375 − 17 = _____

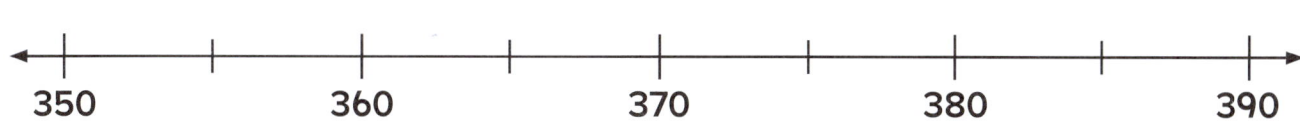

b. 652 − 25 = _____

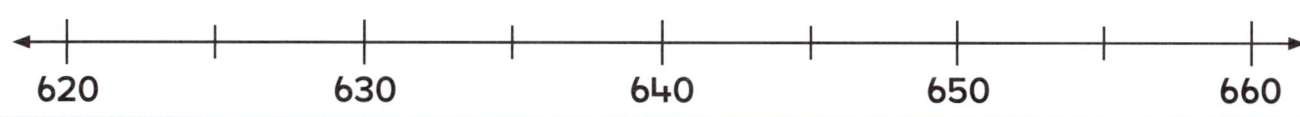

3. Write the numeral that should be in the position shown by each arrow.
   Think carefully before you write.

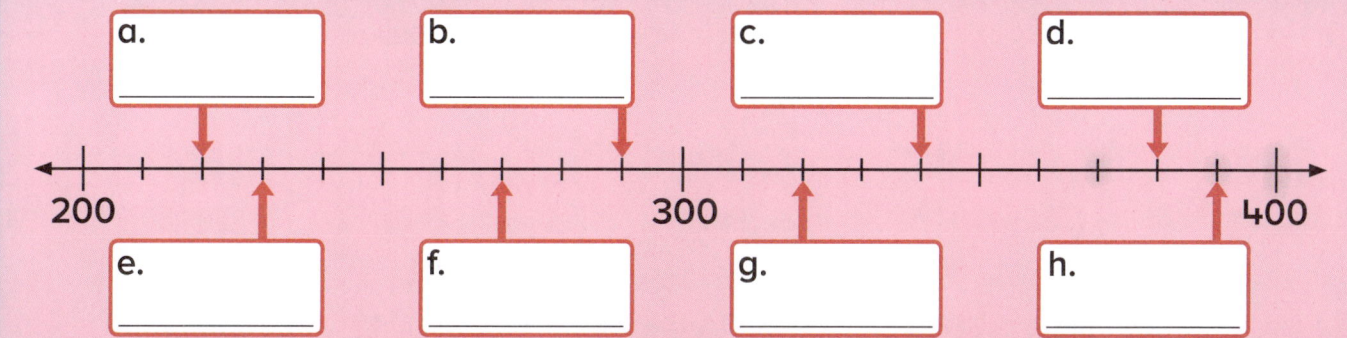

ORIGO Stepping Stones 3 · 1.6

DOT TO DOT

How do you keep from getting wet in the shower?

★ To find out, draw a straight line to each correct answer. The line will pass through a number and a letter. Write the letter above the matching number at the bottom of the page.

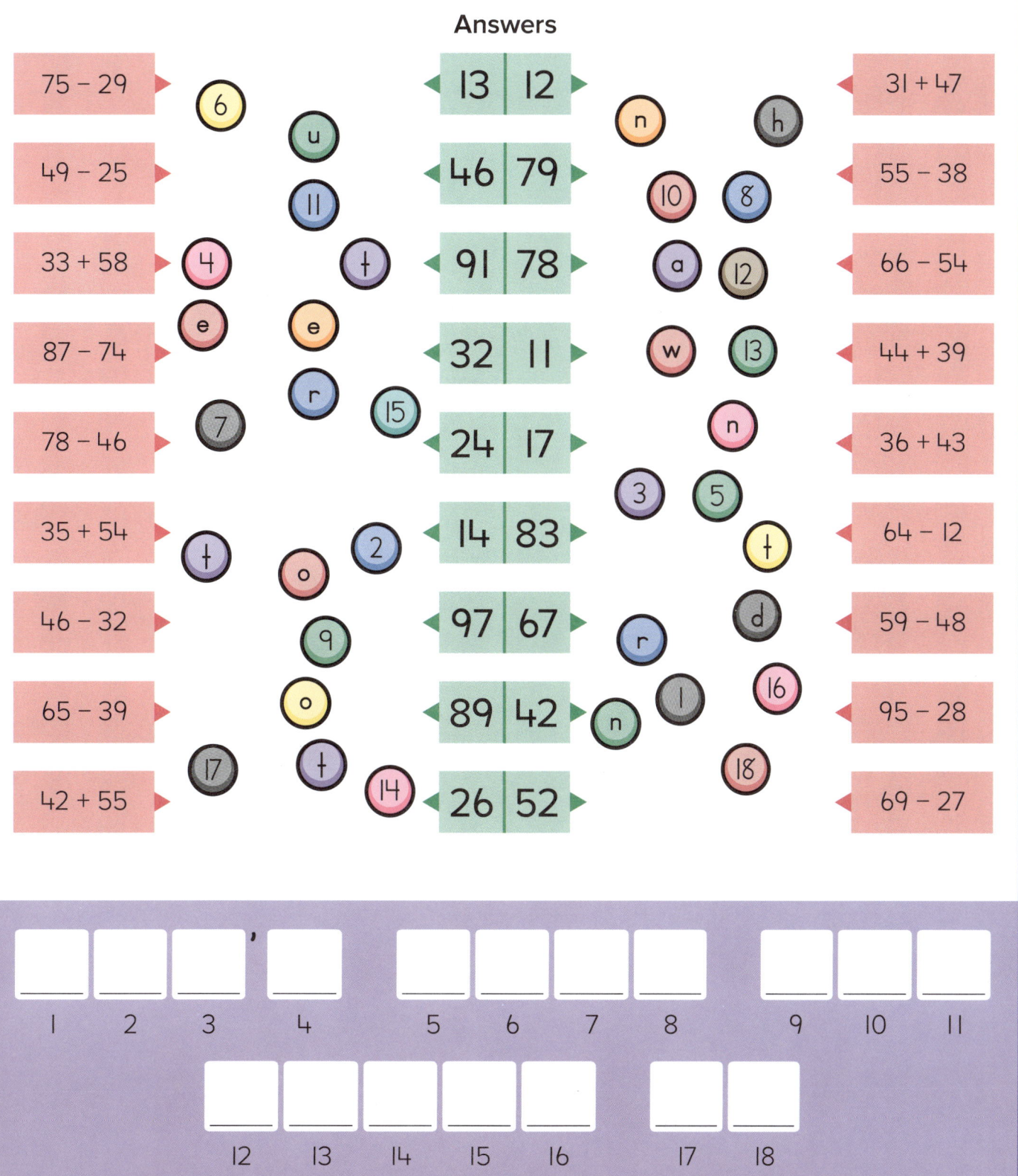

1. Write the number of hundreds, tens, and ones. Then write an addition sentence to show the total. You can use blocks to help.

a. 267 + 25

There are ____ hundreds.

There are ____ tens.

There are ____ ones.

____ + ____ + ____ = ____

b. 354 + 72

There are ____ hundreds.

There are ____ tens.

There are ____ ones.

____ + ____ + ____ = ____

2. Draw jumps to show how you would figure out these. Then write the differences.

a. 475 − 127 = ____

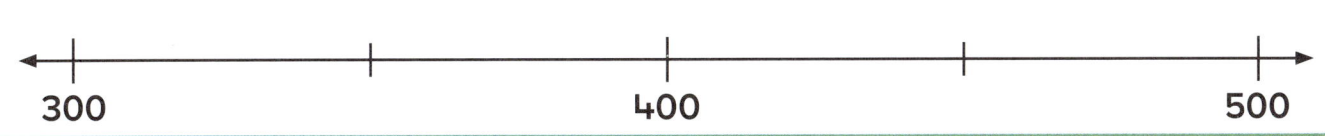

b. 651 − 135 = ____

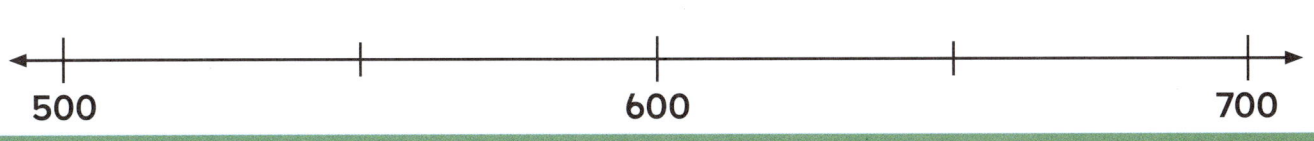

3. a. Round each number to the nearest **ten**.

254 ____   676 ____   912 ____

b. Round each number to the nearest **hundred**.

759 ____   149 ____   351 ____

ORIGO Stepping Stones 3 • 1.8

1. A **pyramid** has many triangular faces that meet at the same point. Loop the pyramids.

a. 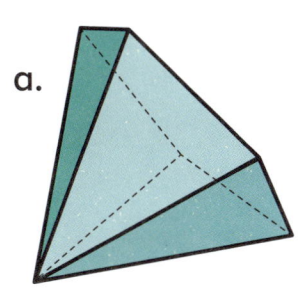   b.   c. 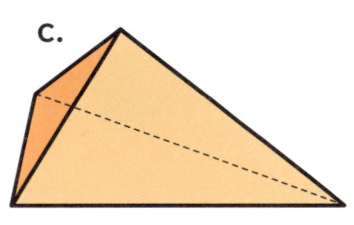   d.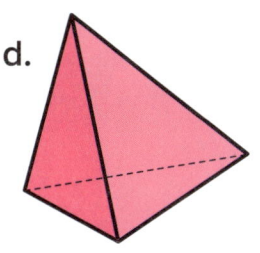

2. Write **more** or **less** to show whether these containers would hold more than or less than one quart.

1 quart

a.  _____

b.  _____

c.  _____

3. Figure out the total. Write the matching equation.

a.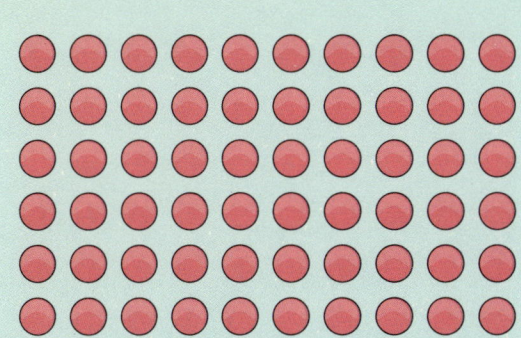

b.

_____ × _____ = _____ dots   _____ × _____ = _____ shoes

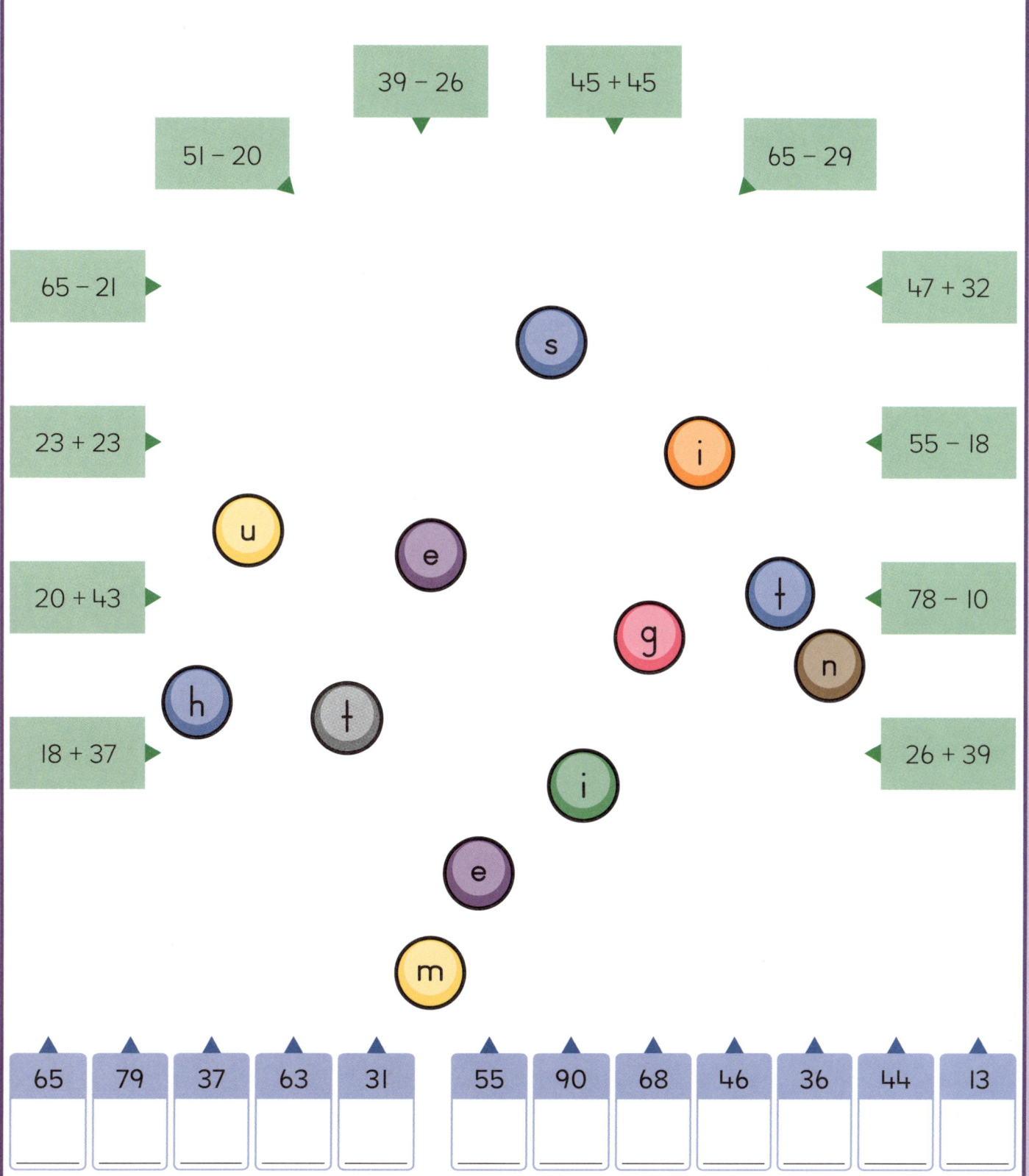

1. A 3D object with all flat faces is called a **polyhedron**.
   Loop the polyhedrons.

a. 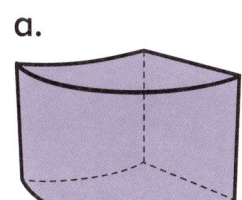   b. 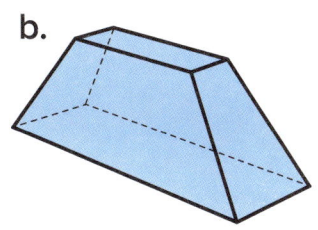   c. 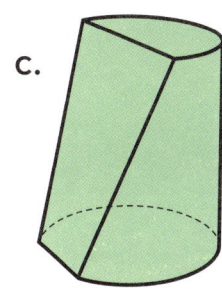   d.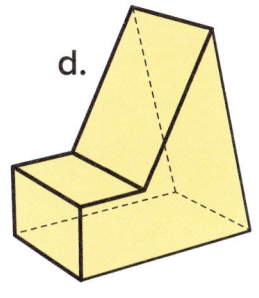

2. Write **more** or **less** to show whether these containers would hold more than or less than one pint.

1 pint

a.

_____

b.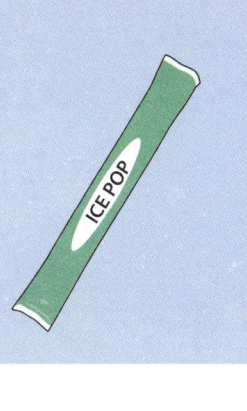

_____

c.

_____

3. Complete the tens fact.
   Color half the array and then write the two fives facts to match.

a. 4 × 10 = _____

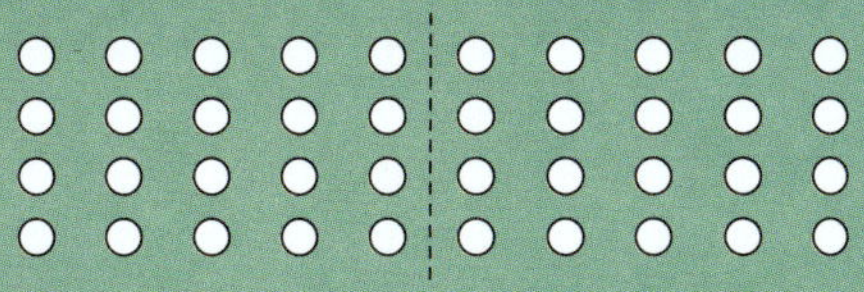

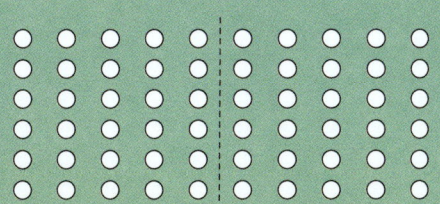

___ × ___ = ___

___ × ___ = ___

b. 6 × 10 = _____

___ × ___ = ___

___ × ___ = ___

1. Estimate the **difference** between these lengths. Then write a number sentence to show your thinking.

a.
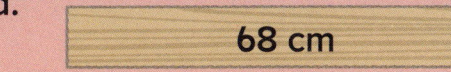

68 cm   95 cm

The difference is about _____ cm. _____

b.

83 cm   35 cm

The difference is about _____ cm. _____

2. Complete the missing parts.

a. five hundred thirty-nine

____ hundreds ____ ____ ones

____

b. _____

____ hundreds ____ ____ ones

240

3. Write the missing numbers in each set. Use a pattern to help you.

SET A
39 + ____ = 54
40 + ____ = 54
41 + ____ = 54
42 + ____ = 54

SET B
75 = 56 + ____
75 = 57 + ____
75 = 58 + ____
75 = 59 + ____

SET C
____ + 103 = 165
____ + 104 = 165
____ + 105 = 165
____ + 106 = 165

ORIGO Stepping Stones 3 • 2.2   14

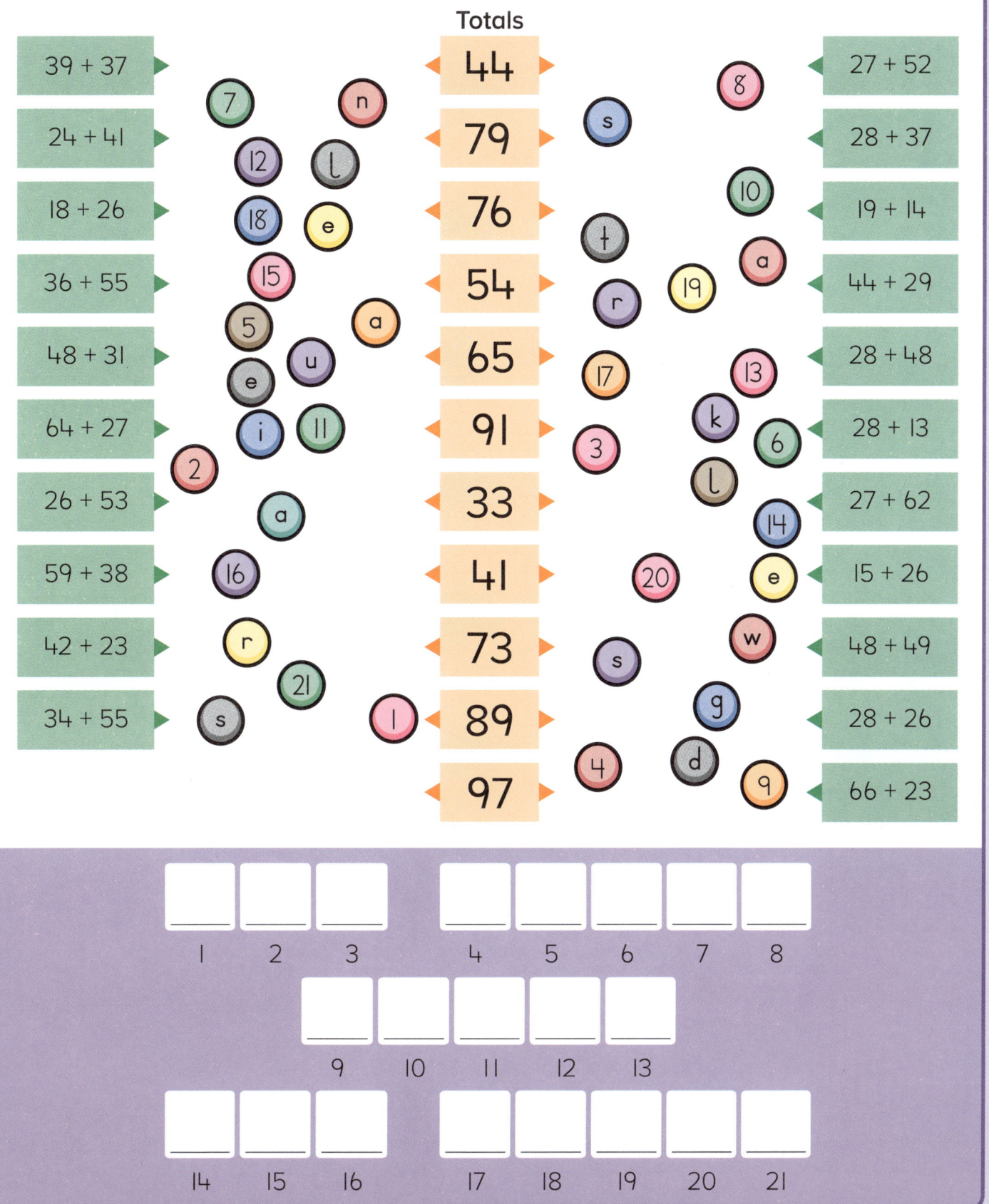

1. Loop the fraction then complete the sentence.

a.
One-fourth of 28 is ____.

b.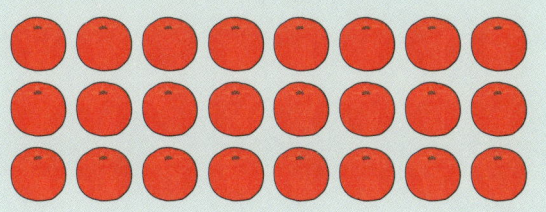
One-third of 24 is ____.

2. Draw a line to join each numeral to its position on the number line. Then write **<** or **>** in each circle to describe each pair of numerals.

a. 482 ◯ 486   b. 493 ◯ 489   c. 497 ◯ 495

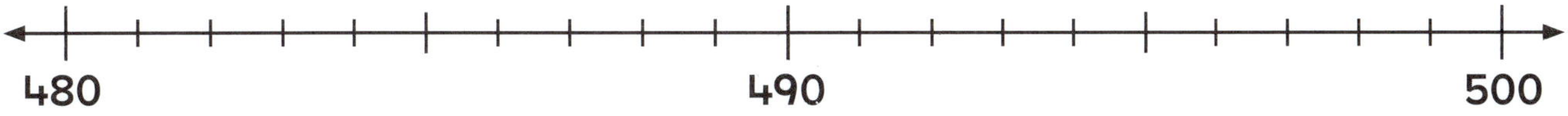

480 ———————— 490 ———————— 500

3. Round one number to the nearest ten. Then estimate the total. Draw jumps on the number line to show your thinking.

a. 69 + 26
Estimate ____
+26 from 70

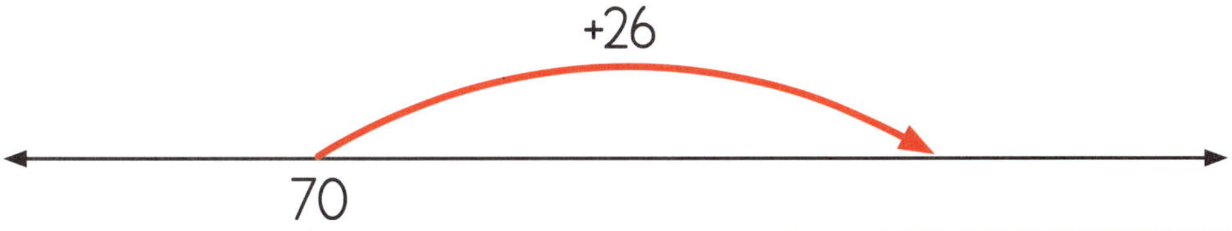

b. 45 + 78
Estimate ____

1. Color parts of each picture to show the same fraction two different ways.

a.
one-half is shaded
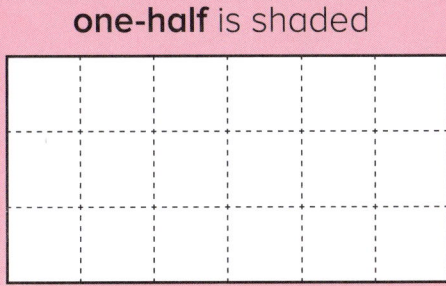

b.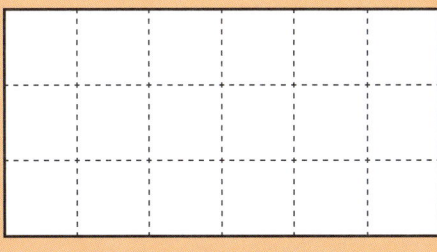
one-third is shaded
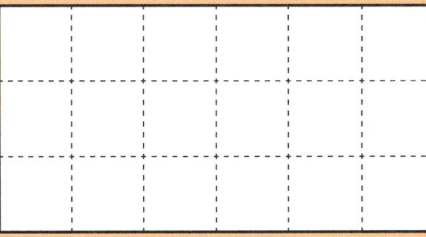

2. Draw a picture to help solve each problem.
Then write the matching multiplication sentence.

a. Each box holds 3 golf balls. How many golf balls are in 5 boxes?

_____ × _____ = _____

b. Each cup holds 2 straws. How many straws are in 4 cups?

_____ × _____ = _____

3. Write the total. Then draw jumps on the number line to show your thinking.

a. 34 + 49 = _____

b. 29 + 76 = _____

TASTY

Which hand should you use to stir coffee?

★ Figure out each of these. Then write each letter above its matching difference at the bottom of the page. Some letters appear more than once.

95 − 18 = ____ y   55 − 29 = ____ h

75 − 19 = ____ n   85 − 28 = ____ a

55 − 28 = ____ e   95 − 49 = ____ u

85 − 69 = ____ t   85 − 38 = ____ d

55 − 38 = ____ l   75 − 39 = ____ p

95 − 19 = ____ i   95 − 58 = ____ r

95 − 28 = ____ s   85 − 19 = ____ o

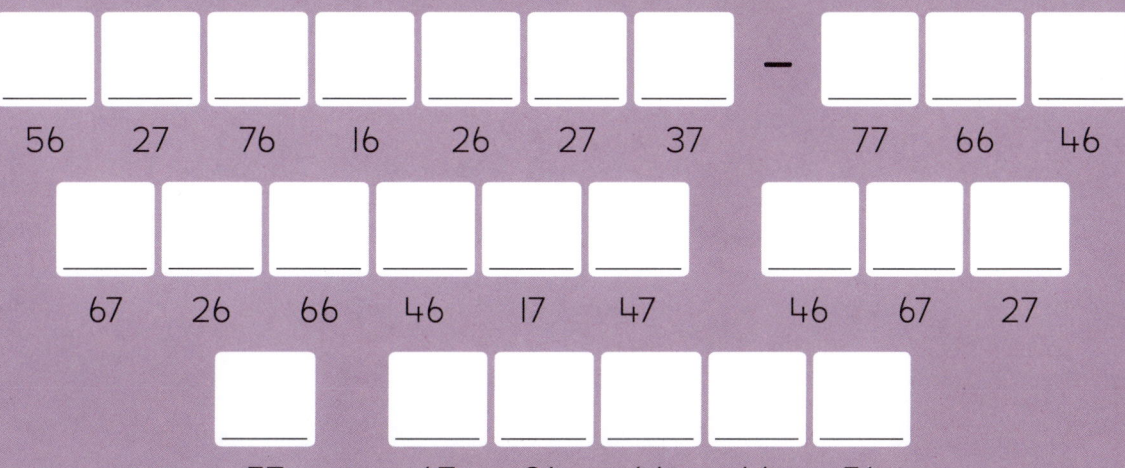

56 27 76 16 26 27 37   77 66 46

67 26 66 46 17 47   46 67 27

57   67 36 66 66 56

ORIGO Stepping Stones 3 • 2.7

1. Color one part blue in each picture. Then write the numbers.

a.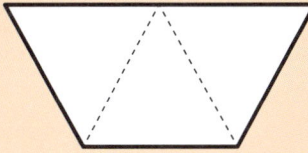

Number of blue parts ____

Total number of parts ____

b.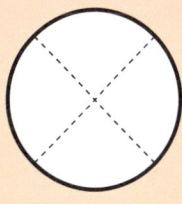

Number of blue parts ____

Total number of parts ____

2. Write two facts to match each array.

a.

____ × ____ = ____

____ × ____ = ____

b.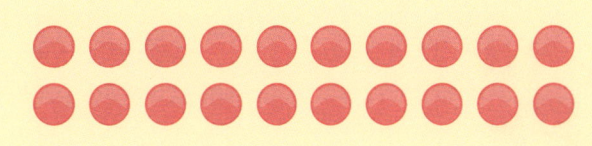

____ × ____ = ____

____ × ____ = ____

3. Use the count-back strategy to figure out the difference between the amount in the wallet and the price. Draw jumps on the number line to show your thinking.

a.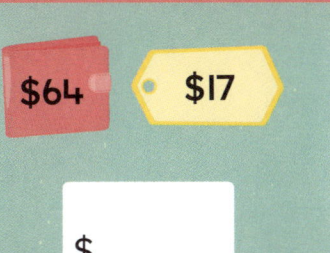

$ ____

b.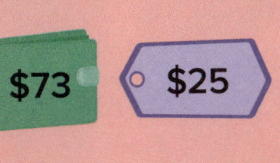

$ ____

1. Complete this chart.

Object	Vertices	Straight edges	Curved edges	Flat faces	Curved surfaces
a. 	4				0
b.				0	

2. Draw nickels to match the price tag. Then write a matching equation.

a.

_____ × _____ = _____ ¢

b.

_____ × _____ = _____ ¢

3. Figure out the amount left on the gift card after buying the item. Write number sentences to show your thinking.

a.

b. $55 Gift Card $27

c.

CROSS NUMBER

★ Write the answers to each of these in the grid below.

Across

a. 85 − 48

b. 33 + 29

c. 20 + 46

e. 57 − 22

f. 39 + 25

g. 45 + 45

h. 76 − 62

i. 10 + 37

k. 67 − 57

l. 65 − 29

Down

a. 23 + 16

b. 95 − 29

c. 88 − 23

d. 44 − 10

e. 15 + 15

f. 96 − 32

g. 62 + 37

h. 75 − 58

i. 20 + 20

j. 23 + 23

1. Write the time or draw clock hands to match.

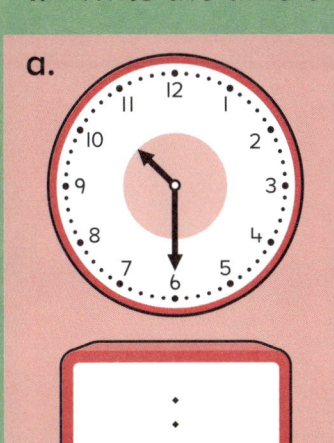

a. [clock showing 6:45]

b. [clock showing 2:15]

c. 12:15 [blank clock]

d. 2:30 [blank clock]

2. Write a number sentence to match each story problem. Then write the answer.

a. Nadie fills her car with gas 2 times each month. It takes 16 gallons each time. How many gallons of gas does she use each month?

_____ gal

b. A can of paint holds 4 liters. Amos used 3 full cans of paint and another half a can. How many liters of paint did he use?

_____ L

3. Draw jumps on the number line to figure out the difference. Make the first jump to 100.

a. 116 − 87 = _____

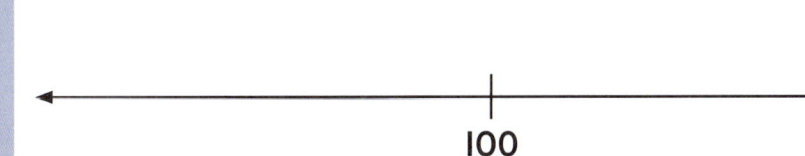

[number line marked with 100]

b. 125 − 79 = _____

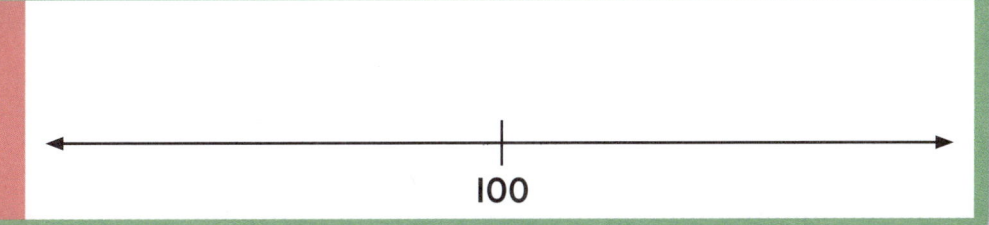

[number line marked with 100]

ORIGO Stepping Stones 3 • 2.12

1. Write each time two different ways.

a.

8:15

quarter past _____

_____ minutes past _____

b.

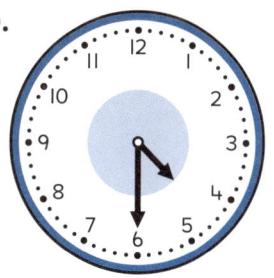

half past _____

_____ minutes past _____

c.

quarter past _____

_____ minutes past _____

d.

11:30

half past _____

_____ minutes past _____

2. Use a place-value strategy to figure out each total.
   Draw jumps on the number line to show your thinking.

a. 246 + 47 = _____

b. 58 + 125 = _____

3. Write a twos multiplication fact and its turnaround to match each picture.

a.

___ × ___ = ___

___ × ___ = ___

b.

___ × ___ = ___

___ × ___ = ___

c.

___ × ___ = ___

___ × ___ = ___

"RATTLE THEM BONES"

How do you make a skeleton laugh?

★ Figure out each of these and draw a straight line to the correct difference. The line will pass through a letter and a number. Write the letter above its matching number at the bottom of the page. Some differences are used more than once.

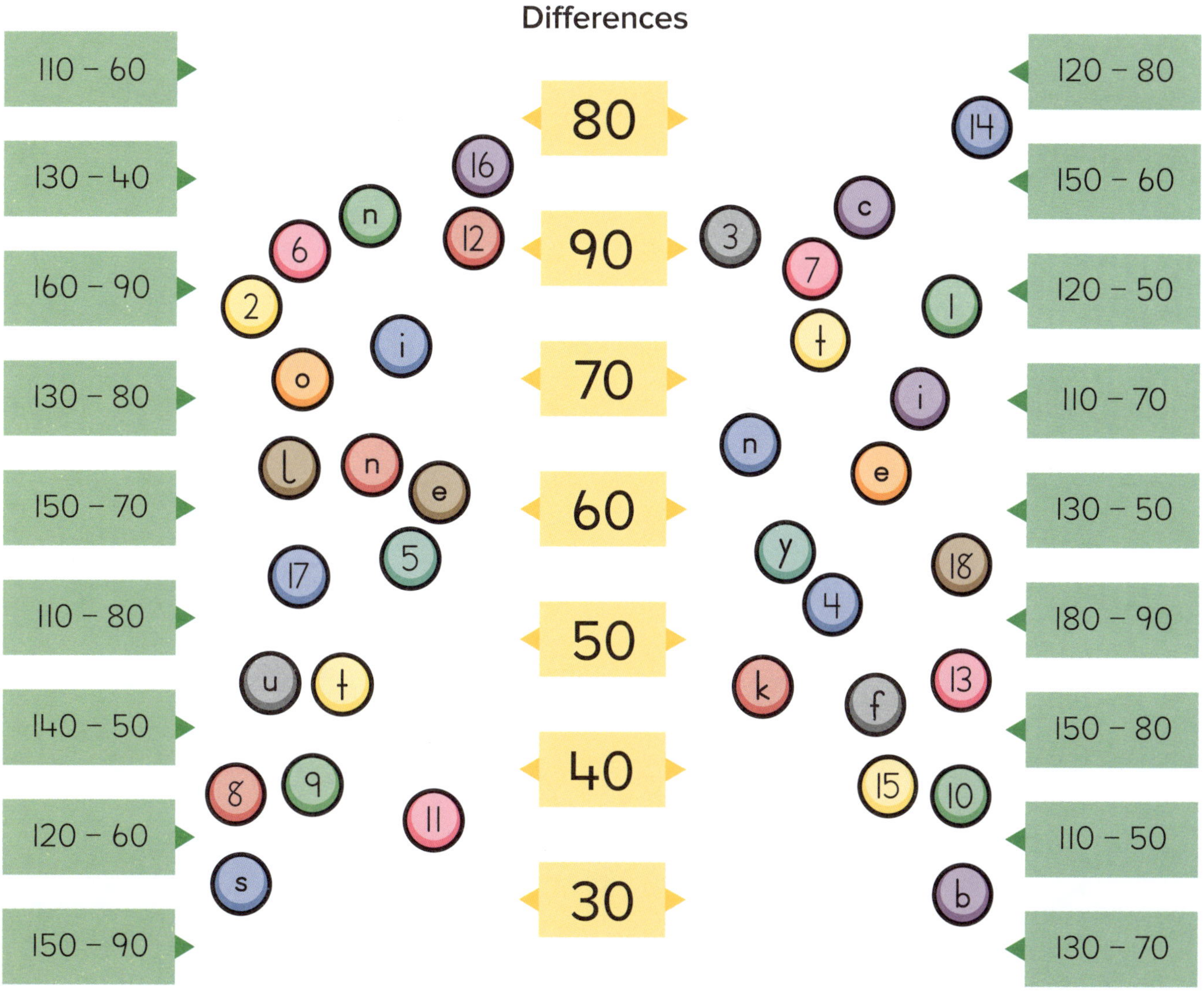

Differences
110 – 60
130 – 40
160 – 90
130 – 80
150 – 70
110 – 80
140 – 50
120 – 60
150 – 90
80
90
70
60
50
40
30
120 – 80
150 – 60
120 – 50
110 – 70
130 – 50
180 – 90
150 – 80
110 – 50
130 – 70

1 2 3 4 5 6   7 8 9

10 11 12 13 14   15 16 17 18

1. Imagine you sliced this piece off the prism. Complete this table.

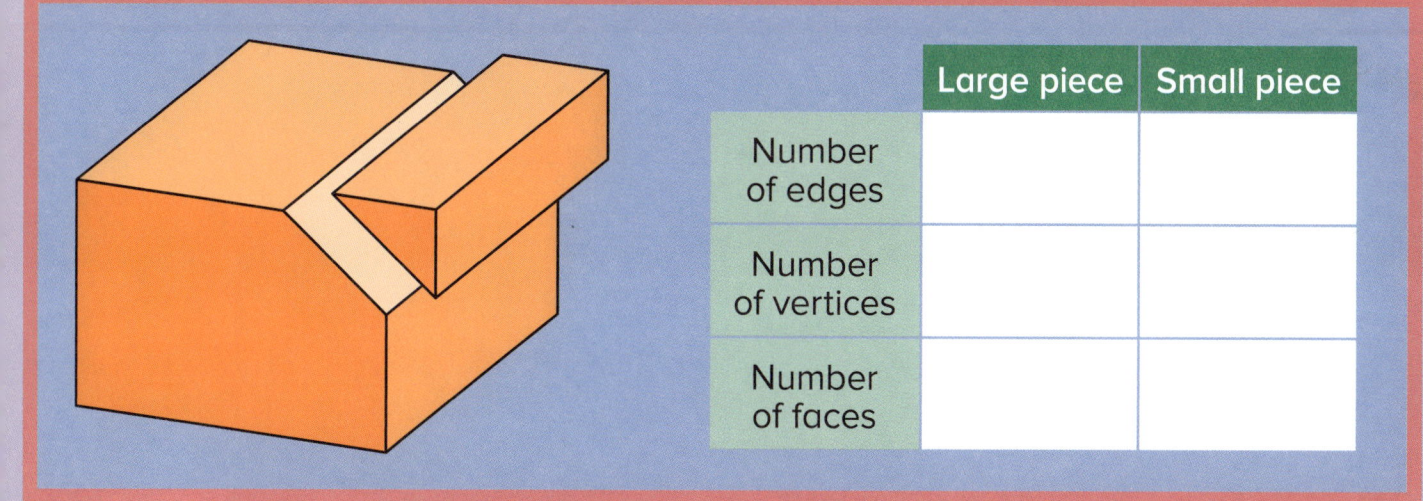

	Large piece	Small piece
Number of edges		
Number of vertices		
Number of faces		

2. Use the count-on strategy to figure out the difference between these scores. Draw jumps to show your thinking.

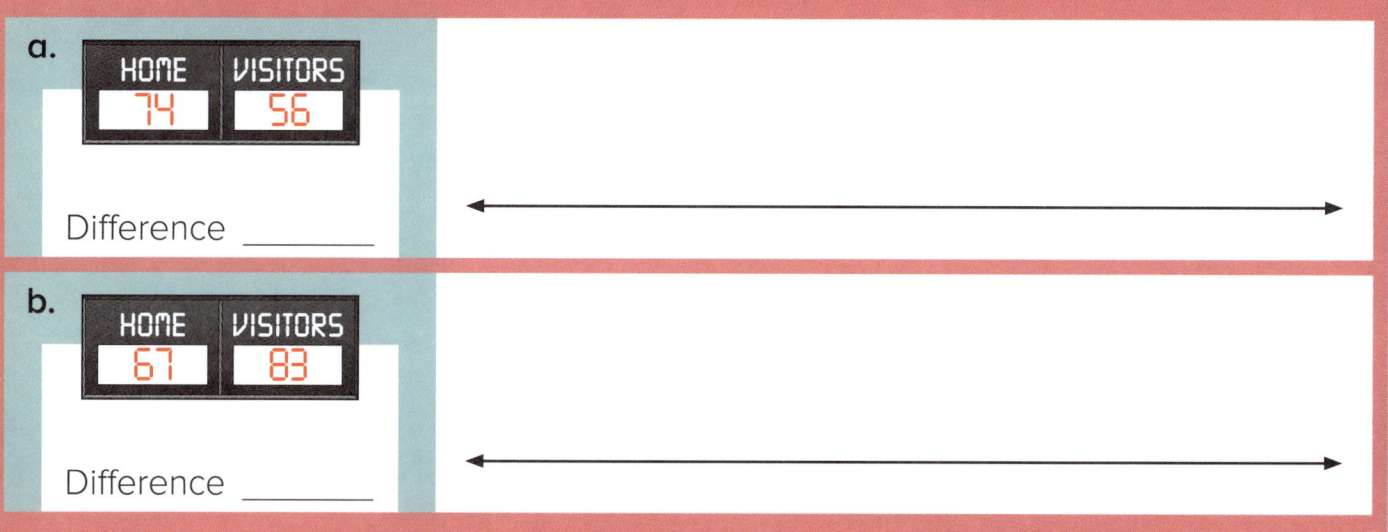

a. HOME 74   VISITORS 56

Difference _____

b. HOME 67   VISITORS 83

Difference _____

3. Draw a picture to match each word story. Then complete the equation.

a. 4 apples on each tree
   2 trees with apples

   ___ × ___ = ___

b. 2 rows of carrots
   6 carrots in each row

   ___ × ___ = ___

1. Write the times that are **15 minutes later**.

a. 2:40

b. 9:10

c. 8:15

2. Figure out the difference between the two amounts. Show your thinking.

a. $148 $375

$ _____

b. $462 $237

$ _____

c. $346 $163

$ _____

3. Draw more dots to show a double double. Then complete the number sentence.

a. Double Double

4 × 3 = _____ = 3 × 4

b. Double Double

_____ × 7 = _____ = 7 × _____

c. Double Double

_____ × _____ = _____ = _____ × _____

d. Double Double

_____ × _____ = _____ = _____ × _____

ORIGO Stepping Stones 3 3.6

26

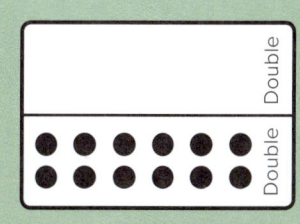

IS IT A FLAG?

What is black and white and blue?

★ Figure out each of these and draw a straight line to the correct total. The line will pass through a letter. Write each letter above its matching total at the bottom of the page.

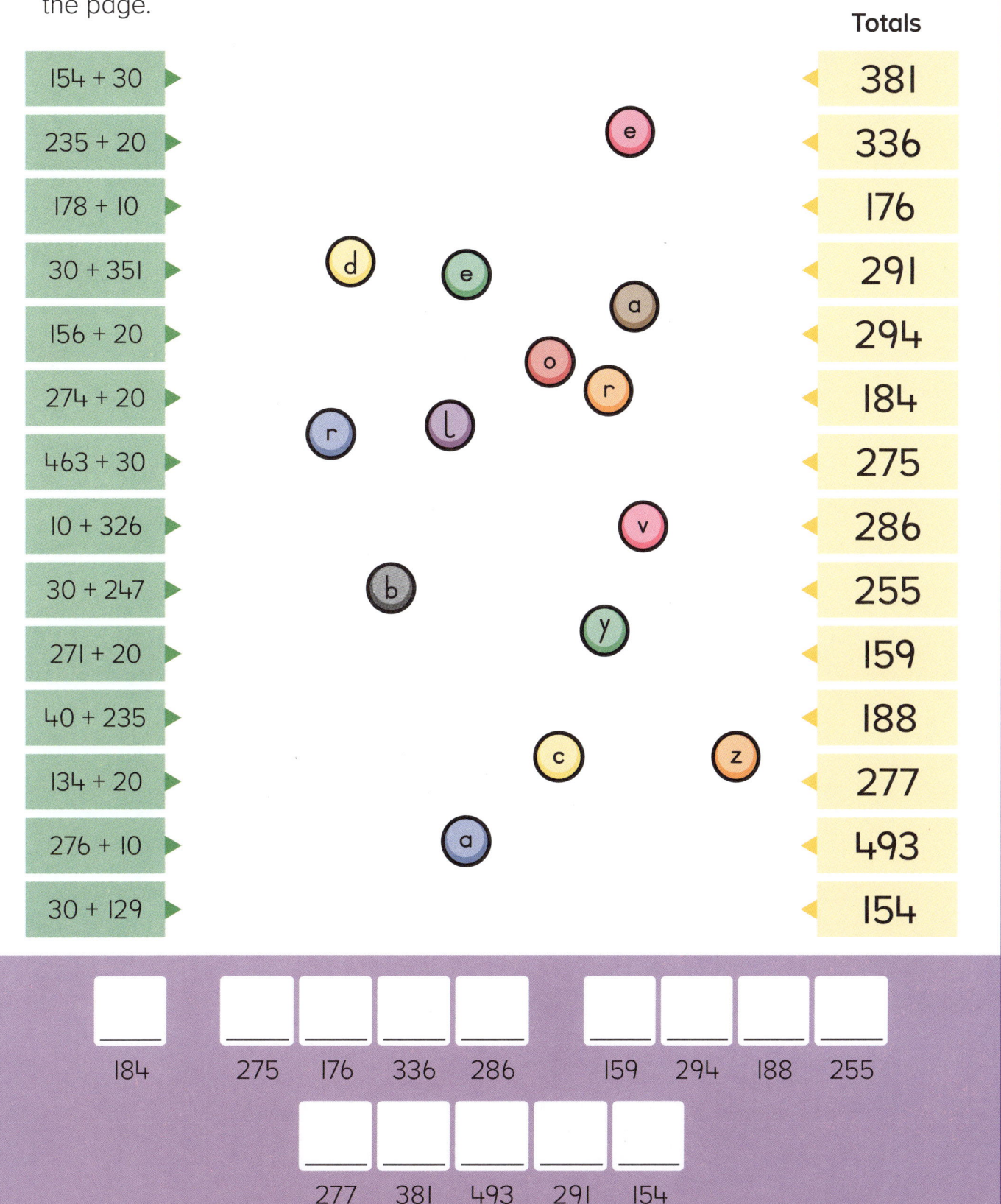

Totals

Equation	Total
154 + 30	381
235 + 20	336
178 + 10	176
30 + 351	291
156 + 20	294
274 + 20	184
463 + 30	275
10 + 326	286
30 + 247	255
271 + 20	159
40 + 235	188
134 + 20	277
276 + 10	493
30 + 129	154

Answer letters:

a	v	e	r	y	c	o	l	d
184	275	176	336	286	159	294	188	255

z	e	b	r	a
277	381	493	291	154

1. Draw a line to join each numeral to its position on the number line. Then write < or > in each circle to describe each pair of numerals.

a. 415 ◯ 405

b. 443 ◯ 434

c. 489 ◯ 498

400   450   500

2. Estimate the distance between these towns.

a. The distance from Ashford to Oxford is about ____ miles.

b. The distance from Oxford to Weston is about ____ miles.

Ashford   27 miles →
Oxford   43 miles →
Weston   71 miles →

3. Write the missing numbers.

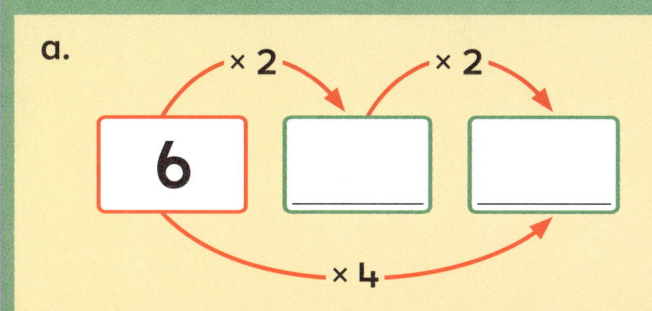

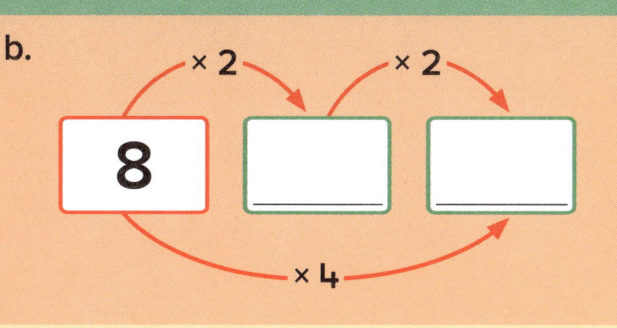

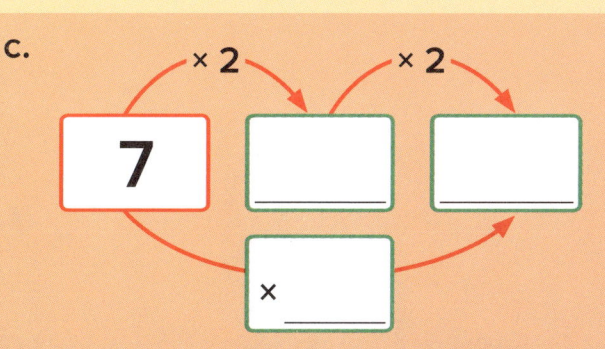

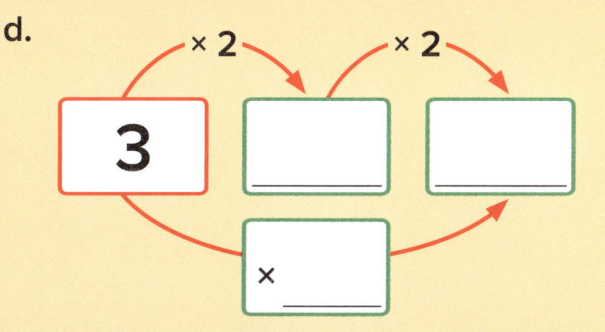

a. 6 →×2→ ___ →×2→ ___ ; ×4

b. 8 →×2→ ___ →×2→ ___ ; ×4

c. 7 →×2→ ___ →×2→ ___ ; ×___

d. 3 →×2→ ___ →×2→ ___ ; ×___

1. **a.** Round each number to the nearest **ten**.

| 94 _____ | 238 _____ | 171 _____ |
| 353 _____ | 492 _____ | 207 _____ |

b. Round each number to the nearest **hundred**.

| 290 _____ | 112 _____ | 452 _____ |
| 365 _____ | 545 _____ | 601 _____ |

2. Use the count-back strategy to figure out the difference between the price and the amount in the wallet. Draw jumps on the number line to show your thinking.

a. $12 $85

$ _____

b. $74 $22

$ _____

3. Write each time.

a. _____ minutes past _____

b. _____ minutes past _____

c. _____ minutes past _____

SCRAMBLED EGGS

How many eggs does the average peacock lay in one year?

★ Figure out each of these. Then write each letter above its matching difference at the bottom of the page. Some letters appear more than once.

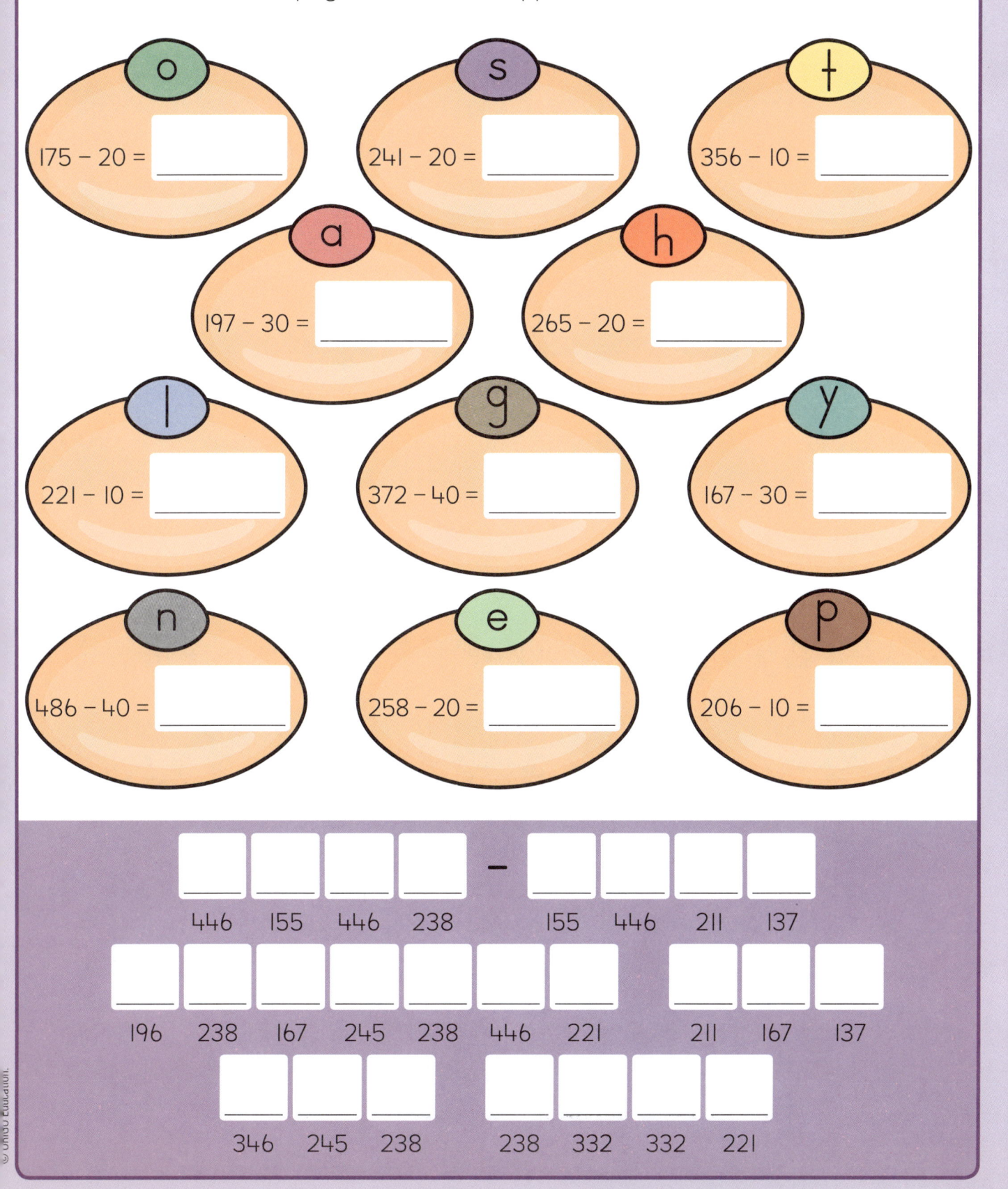

o: 175 − 20 = ____
s: 241 − 20 = ____
t: 356 − 10 = ____
a: 197 − 30 = ____
h: 265 − 20 = ____
l: 221 − 10 = ____
g: 372 − 40 = ____
y: 167 − 30 = ____
n: 486 − 40 = ____
e: 258 − 20 = ____
p: 206 − 10 = ____

____ ____ ____ ____ − ____ ____ ____ ____
446 155 446 238   155 446 211 137

____ ____ ____ ____ ____ ____ ____   ____ ____ ____
196 238 167 245 238 446 221   211 167 137

____ ____ ____   ____ ____ ____ ____
346 245 238   238 332 332 221

1. Complete the tens fact.
   Color half the array and then write the two fives facts to match.

   a. $7 \times 10 =$ _____

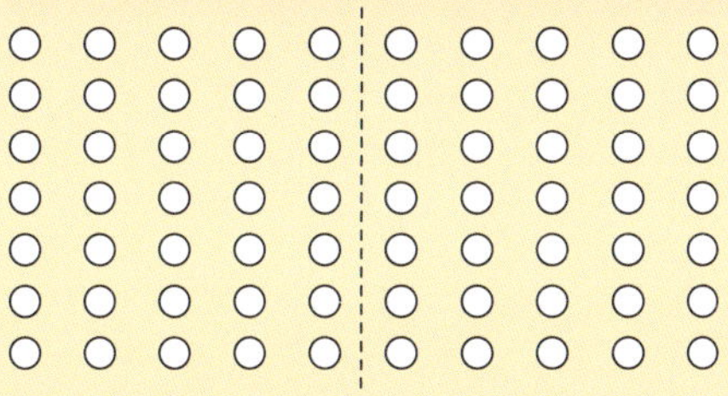

   ___ × ___ = ___
   ___ × ___ = ___

   b. $3 \times 10 =$ _____

   ___ × ___ = ___
   ___ × ___ = ___

2. Figure out each of these in your head. Then write the difference.
   Draw jumps on the number line to show your thinking.

   a. $140 - 85 =$ _____

   b. $162 - 37 =$ _____

3. Read the analog clock. Then write the same time on the digital clock.

   a.

   b.

   c.

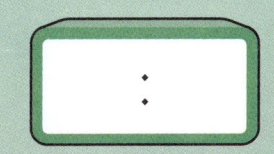

1. Rewrite each set of numbers in order from **least** to **greatest**.

a. 516   651   165

b. 349   394   350

c. 540   450   504   405

2. Write a number sentence you could use to solve each word problem.

a. Emma's mom bought 3 tickets for the roller coaster. Tickets are $4 each. What was the total cost?

b. Each car on the roller coaster holds 4 people. There are 6 cars. How many people does it carry?

c. One ride on the roller coaster takes 3 minutes. How long would it take to have 2 rides?

d. Each roller coaster car is 2 meters long. What is the total length of 6 roller coaster cars?

3. Look at the blocks. Write the matching number on the expander.

a.

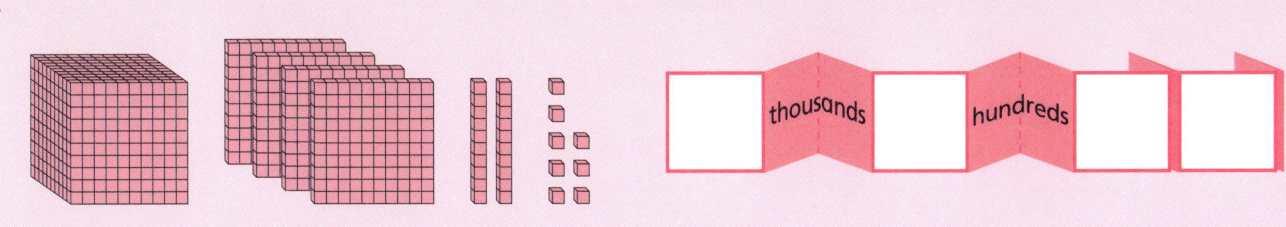

thousands   hundreds

b.

thousands   hundreds

ORIGO Stepping Stones 3 4.2

32

NATURAL DISASTER

What did the ground say to the earthquake?

★ For each of these, write the product and the turnaround fact. Then write each letter above its matching product in the grid below. Some letters appear more than once.

4 × 2 = ___ = ___ × ___ o

2 × 6 = ___ = ___ × ___ a

2 × 8 = ___ = ___ × ___ e

3 × 2 = ___ = ___ × ___ p

10 × 2 = ___ = ___ × ___ r

7 × 2 = ___ = ___ × ___ u

2 × 9 = ___ = ___ × ___ k

2 × 5 = ___ = ___ × ___ y

1 × 2 = ___ = ___ × ___ c

2 × 2 = ___ = ___ × ___ m

___ ___ ___   ___ ___ ___ ___ ___
10 8 14   2 20 12 2 18

___ ___   ___ ___
 4 16   14 6

Write the products for these as fast as you can.

2 × 7 = ___
5 × 2 = ___
2 × 3 = ___

8 × 2 = ___
2 × 4 = ___
2 × 1 = ___

6 × 2 = ___
2 × 2 = ___
9 × 2 = ___

ORIGO Stepping Stones 3 • 4.3

1. Estimate the distance between these towns.

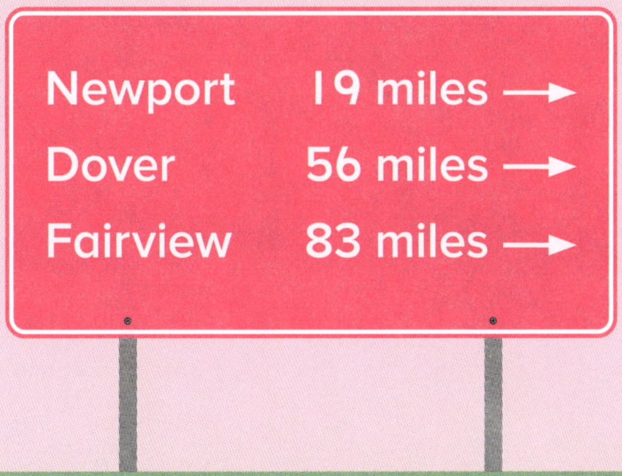

   a. The distance from Newport to Dover is about _____ miles.

   b. The distance from Dover to Fairview is about _____ miles.

   Newport   19 miles →
   Dover   56 miles →
   Fairview 83 miles →

2. Read the digital clock. Then draw hands on the analog clock to show the same time.

   a. 3:42

   b. 6:03

   c. 12:23

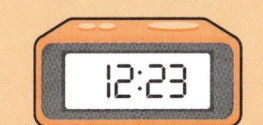

3. Look at the blocks. Write the matching number on the expander.

   a. _____ thousands _____ hundreds _____ _____

   b. _____ thousands _____ hundreds _____ _____

ORIGO Stepping Stones 3 4.4

1. Look at the number line below.

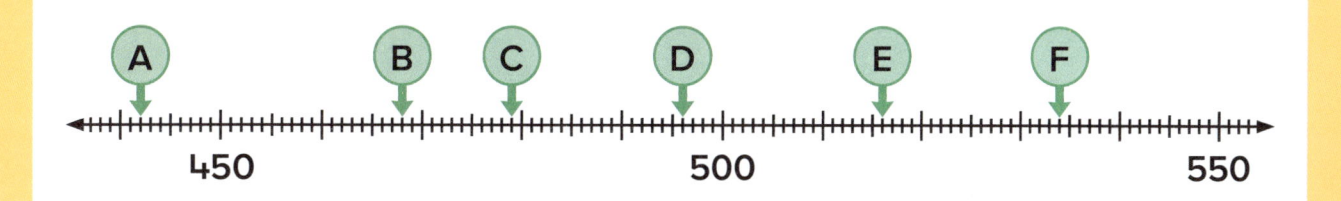

   450   500   550
   A   B C   D   E   F

   For each arrow on the number line, write the number in the table below. Then write the nearest **ten** for each number.

Arrow	A	B	C	D	E	F
Number						
Nearest ten						

2. Complete these to show matching times.

   a. _____ minutes past _____
      _____ minutes to _____

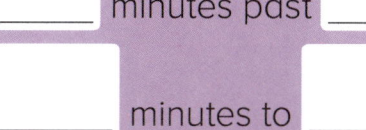

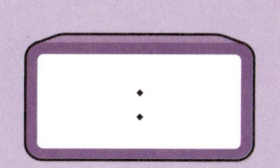

   b.  _____ minutes past _____
      _____ minutes to _____

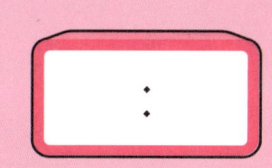

3. Write the matching number on the expander and in words.

   a. 3,605
      ___ thousands ___ ___ ___

   b. 7,091
      ___ thousands ___ ___ ___

ORIGO Stepping Stones 3 • 4.6   35

MOON WALKING

★ Help the astronaut reach the rocket safely. Figure out and write the product for each. Use a green pencil to shade the circles that show products ending in 0.

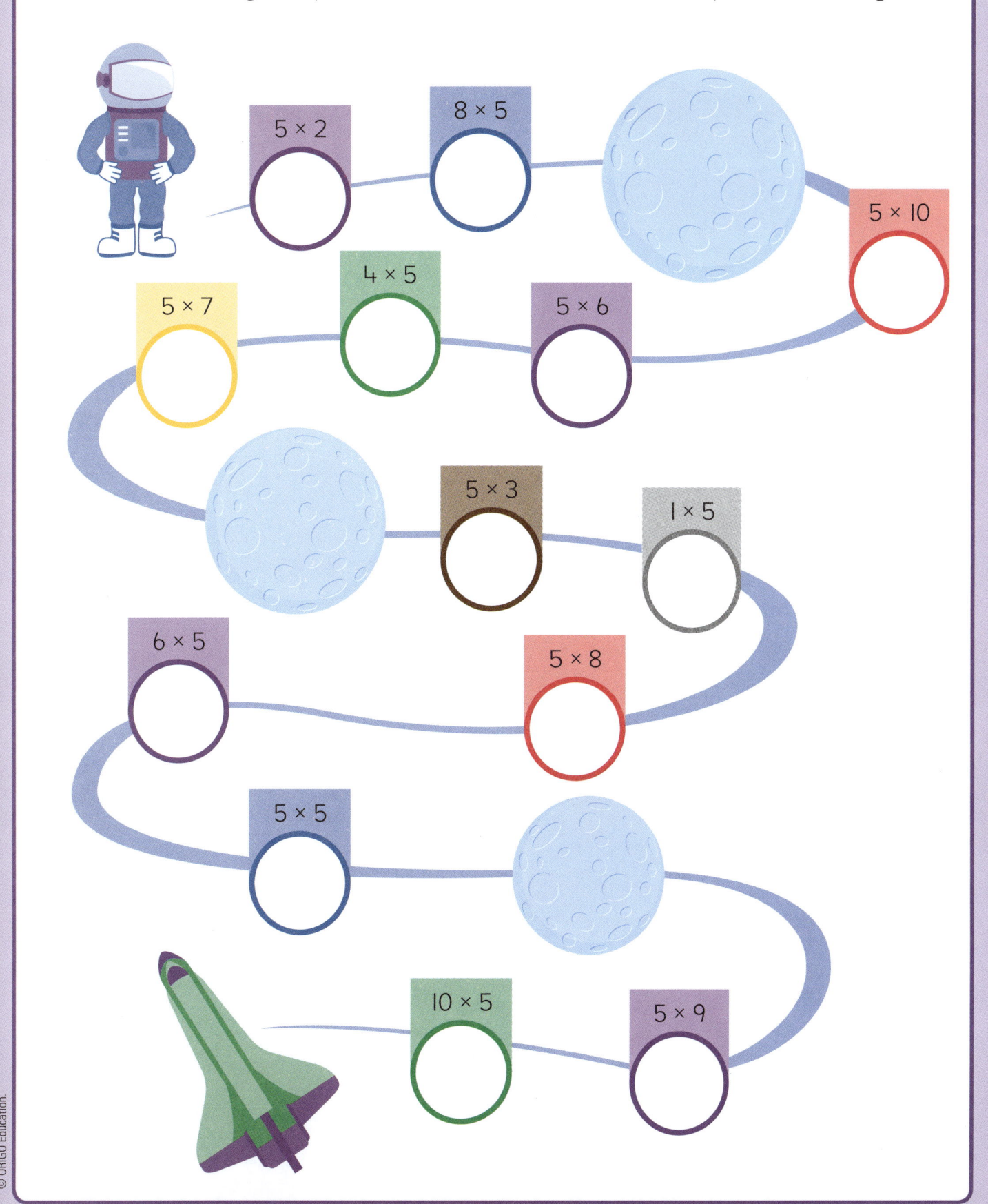

5 × 2

8 × 5

5 × 10

5 × 7

4 × 5

5 × 6

5 × 3

1 × 5

6 × 5

5 × 8

5 × 5

10 × 5

5 × 9

1. For each arrow on the number line, write the number in the table.
   Then write the nearest ten and nearest hundred for each number.

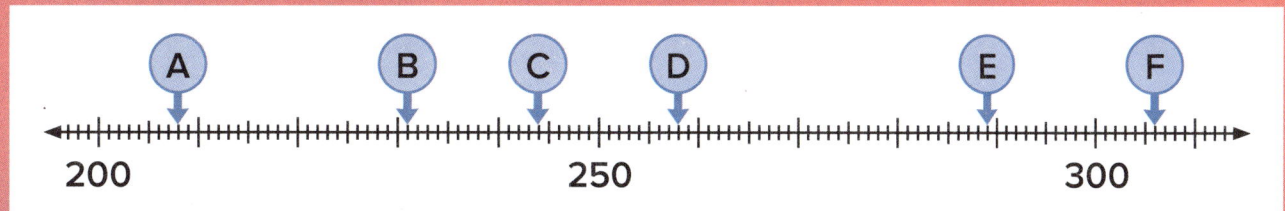

Arrow	A	B	C	D	E	F
Number						
Nearest ten						
Nearest hundred						

2. Complete these.

a.  6:58 _____ minutes to _____

b.  2:45 _____ minutes to _____

c.  10:36 _____ minutes to _____

d.  5:48 _____ minutes to _____

3. Draw lines to show where the numbers belong on the number line.

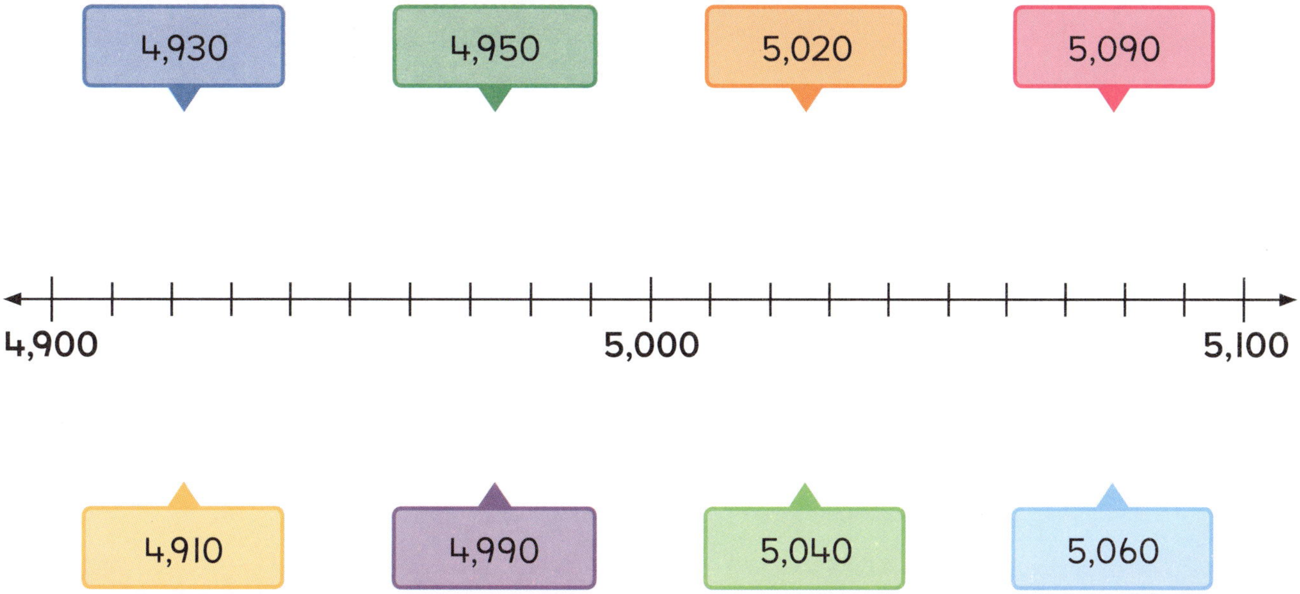

4,930   4,950   5,020   5,090

4,910   4,990   5,040   5,060

ORIGO Stepping Stones 3 · 4.8

37

1. Draw jumps on the number line to figure out the difference. Make the first jump to 100.

a. 125 − 46 = _____

|——————————————|——————————————|
                                100

b. 136 − 68 = _____

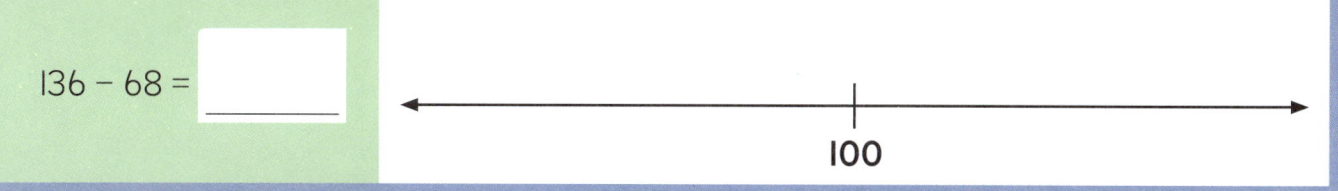

|——————————————|——————————————|
                                100

2. Write the number of minutes. Draw jumps on the number line to show your thinking.

a. 36 min + 45 min

_____ minutes

b. 65 min − 27 min

_____ minutes

3. Write the number that is shown by each arrow.

a. _____   b. _____   c. _____   d. _____

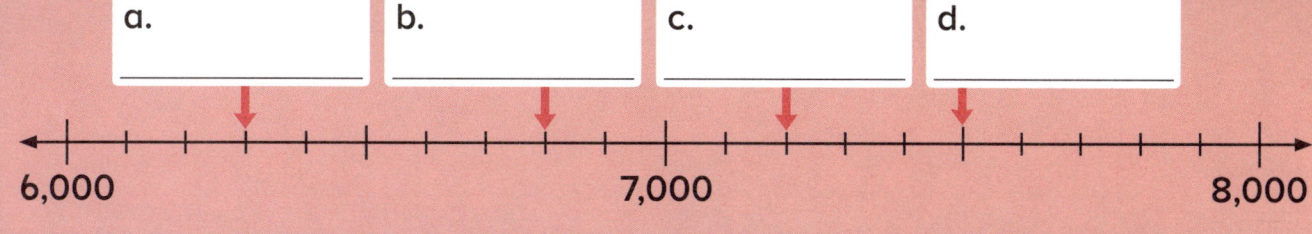

6,000   7,000   8,000

e. _____   f. _____   g. _____   h. _____

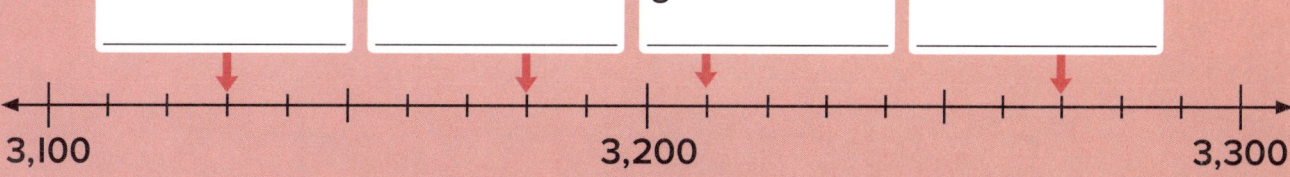

3,100   3,200   3,300

ORIGO Stepping Stones 3 · 4.10

ITCH AND SCRATCH

★ Figure out each of these. Then write each letter above its matching product in the grid. Some letters appear more than once.

5 × 5 = ___ l

2 × 2 = ___ m

2 × 9 = ___ t

8 × 5 = ___ n

3 × 2 = ___ a

8 × 2 = ___ e

7 × 5 = ___ q

5 × 9 = ___ y

2 × 0 = ___ i

1 × 5 = ___ s

5 × 2 = ___ u

4 × 5 = ___ o

6 × 5 = ___ f

2 × 6 = ___ b

___ ___ ___ ___   ___ ___ ___ ___ ___ ___
20 40 25 45   30 16 4 6 25 16

___ ___ ___ ___ ___ ___ ___ ___ ___ ___
4 20 5 35 10 0 18 20 16 5

___ ___ ___ ___
12 0 18 16

Write the products for these as fast as you can.

3 × 5 = ___

2 × 1 = ___

7 × 2 = ___

2 × 3 = ___

5 × 4 = ___

4 × 2 = ___

9 × 5 = ___

2 × 5 = ___

9 × 2 = ___

1. Complete each of these. Use the number line to show your thinking.

a. 130 − 84 = ☐

b. 116 − 78 = ☐

2. These clocks show afternoon times on the same day. Calculate the length of each trip.

a. Bus Departs — Bus Arrives 3:15

The trip is ____ minutes long.

b. Bus Departs 1:18 — Bus Arrives

The trip is ____ minutes long.

3. Use each of these digits once to make matching four-digit numbers below.

5 1 2 9

a. Two numbers with **9** in the tens place

b. Two numbers with **5** in the hundreds place

c. A number that is greater than 2,000 but less than 2,500

d. The greatest and least numbers

greatest   least

ORIGO Stepping Stones 3 4.12

1. Write **add** or **subtract** to complete each sentence.

a. 36 + 48 (is the same as) 36 + 50 then _____ 2

b. 43 + 51 (is the same as) 43 + 50 then _____ 1

c. 29 + 67 (is the same as) 30 + 67 then _____ 1

d. 71 + 11 (is the same as) 70 + 10 then _____ 2

2. Write each number in words.

a. 3,106 _____

b. 6,310 _____

c. 1,036 _____

d. 6,013 _____

3. Read the story. Then write the number in each group. Use cubes to help your thinking.

a. There are 20 people in total. There are 4 cars.

There are ____ people in each car.

b. There are 18 plants in total. There are 6 gardens.

There are ____ plants in each garden.

c. There are 12 balloons in total. There are 3 packs.

There are ____ balloons in each pack.

d. There are 6 soccer balls in total. There are 3 bags.

There are ____ balls in each bag.

RACE TRACK

★ For each of these, write the product. Then write the turnaround fact. Use the classroom clock to time yourself.

Time Taken:

5 × 6 = 30 = 6 × 5   4 × 2 = ___ = ___ × ___

5 × 7 = ___ = ___ × ___   4 × 5 = ___ = ___ × ___

9 × 2 = ___ = ___ × ___   2 × 5 = ___ = ___ × ___

2 × 3 = ___ = ___ × ___   9 × 5 = ___ = ___ × ___

5 × 8 = ___ = ___ × ___   0 × 5 = ___ = ___ × ___

6 × 2 = ___ = ___ × ___   2 × 1 = ___ = ___ × ___

3 × 5 = ___ = ___ × ___   0 × 2 = ___ = ___ × ___

5 × 1 = ___ = ___ × ___   8 × 2 = ___ = ___ × ___

Write the products for these as fast as you can.

5 × 5 = ___   2 × 6 = ___   8 × 5 = ___

2 × 8 = ___   6 × 5 = ___   5 × 9 = ___

5 × 7 = ___   4 × 2 = ___   2 × 2 = ___

ORIGO Stepping Stones 3 • 5.3

42

1. Draw jumps to figure out each difference.

a. 152 − 75 = ☐

b. 135 − 87 = ☐

2. a. Write the number that is 10 less and 10 more.

10 less						
	2,049	1,395	2,601	4,097	3,006	5,991
10 more						

b. Write the number that is 100 less and 100 more.

100 less						
	1,462	2,316	4,709	4,038	1,950	7,099
100 more						

3. Write the missing numbers. You can share tens and ones blocks to help your thinking.

a. 15 shared by 3 is ____ each

   15 ÷ 3 = ____

b. 24 shared by 4 is ____ each

   24 ÷ 4 = ____

c. 20 shared by 10 is ____ each

   20 ÷ 10 = ____

d. 30 shared by 5 is ____ each

   30 ÷ 5 = ____

ORIGO Stepping Stones 3 5.4

1. Double these numbers. Write the products around the outside.

a.

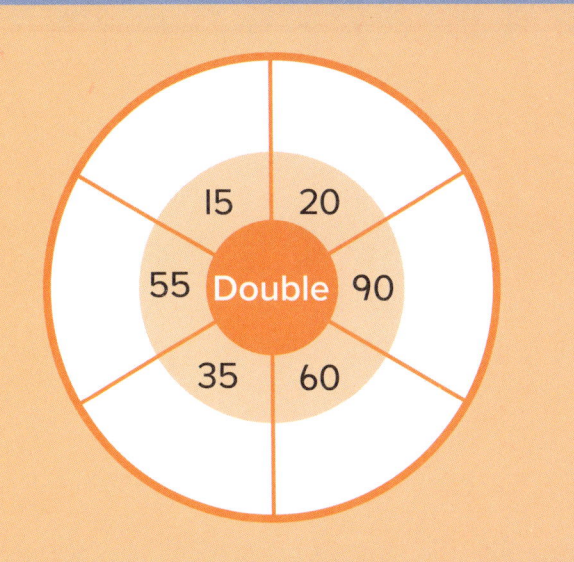

Double: 15, 20, 55, 90, 35, 60

b.

Double: 51, 22, 24, 32, 16, 41

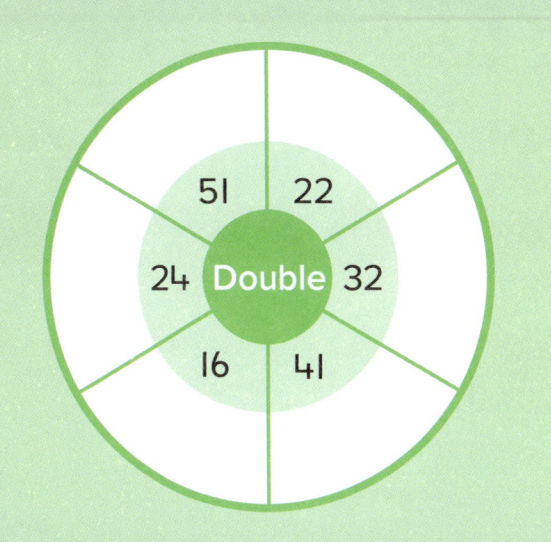

2. Loop apples to show groups of equal size. Then complete each sentence.

a. One-third of 15 is ☐.

b. One-fourth of 24 is ☐.

3. Complete the multiplication fact you would use to figure out the division fact. Then complete the division fact.

a. 30 dots in total

5 × ___ = 30   30 ÷ 5 = ___

b. 24 dots in total

___ × 6 = 24   24 ÷ 6 = ___

SANDY DAYS

How far can you walk into the desert?

★ Figure out each of these and write the total. Then write each letter above its matching total at the bottom of the page.

55 + 56 = ___	t	87 + 86 = ___	e	68 + 66 = ___	i
98 + 97 = ___	y	76 + 77 = ___	a	58 + 56 = ___	l
87 + 88 = ___	o	67 + 65 = ___	r	95 + 96 = ___	n
75 + 76 = ___	f	57 + 58 = ___	g	86 + 88 = ___	k
66 + 65 = ___	u	97 + 95 = ___	h	77 + 78 = ___	w

Some letters appear more than once.

___ ___ ___ ___ ___ ___ ___ - ___ ___ ___ ___ ___
192 153 114 151 155 153 195   153 151 111 173 132

___ ___ ___ ___   ___ ___ ___   ___ ___ ___
111 192 153 111   195 175 131   153 132 173

___ ___ ___ ___ ___ ___ ___   ___ ___ ___
155 153 114 174 134 191 115   175 131 111

1. Draw hands on the clock to match the time.

a. 32 minutes past 2

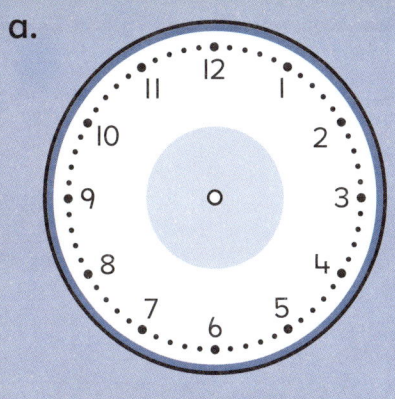

b. 45 minutes past 6

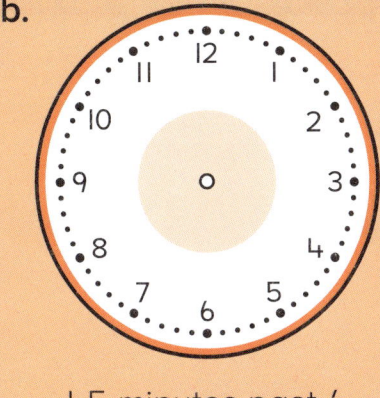

c. 12 minutes past 8

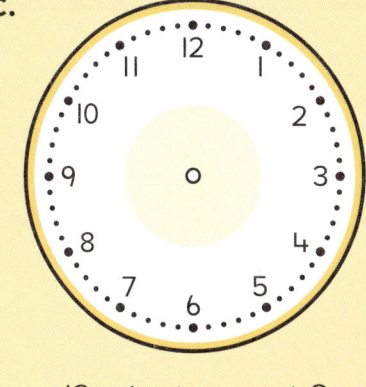

2. Each circle is one whole. Color one part of each.
Then write how much is shaded and how many parts in total.

a. ___ part of ___ equal parts

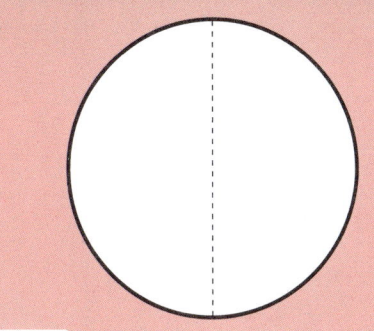

b. ___ part of ___ equal parts

c. ___ part of ___ equal parts

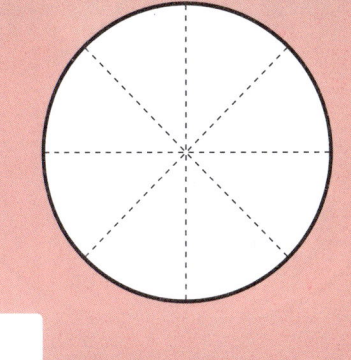

3. Complete the multiplication fact you would use to figure out the division fact. Then complete the division fact.

a. 15 dots in total

3 × ___ = 15

15 ÷ 3 = ___

b. 25 dots in total

___ × 5 = 25

25 ÷ 5 = ___

c. 20 dots in total

5 × ___ = 20

20 ÷ 5 = ___

d. 35 dots in total

___ × 5 = 35

35 ÷ 5 = ___

1. Write the number of minutes past the hour and the number of minutes to the next hour. Then write the time on the digital clock.

a.

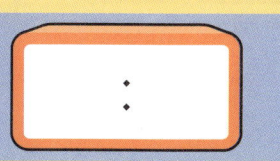

____ minutes past ____

____ minutes to ____

b.

____ minutes past ____

____ minutes to ____

2. Each large rectangle is one whole. Shade the fraction of each rectangle. Then write the fraction of the rectangle that is **not** shaded.

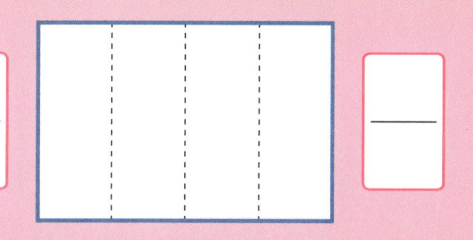

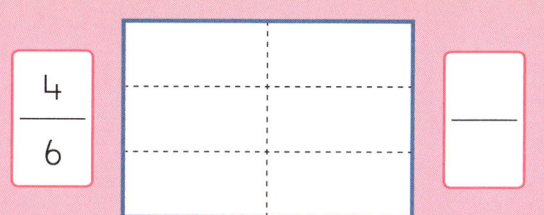

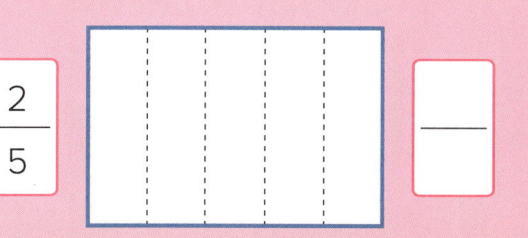

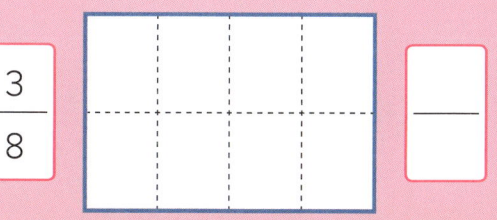

a. $\frac{1}{4}$

b. $\frac{4}{6}$

c. $\frac{2}{5}$

d. $\frac{3}{8}$

3. Write the missing numbers to complete each fact family.

a.
6 × 5 = 30
5 × 6 = ___
___ ÷ 6 = 5
30 ÷ ___ = 6

b.
___ × 10 = 40
10 × 4 = ___
40 ÷ ___ = 10
40 ÷ 10 = ___

ORIGO Stepping Stones 3· 5.10

47

CROSS NUMBER

★ Write the difference to each of these in the puzzle grid below.

Across

a. 68 − 44
c. 87 − 65
e. 76 − 41
g. 57 − 21
j. 37 − 24
l. 65 − 24
n. 88 − 51
p. 89 − 16
r. 39 − 18
t. 96 − 14

Down

b. 77 − 34
d. 46 − 23
f. 85 − 34
h. 97 − 34
i. 78 − 54
k. 69 − 36
m. 98 − 81
o. 95 − 23
q. 49 − 11
s. 58 − 42

1. Write three different ways you could read each of these times.

a.

b.

2. Complete these puzzles to show fractions to match. Each circle is one whole.

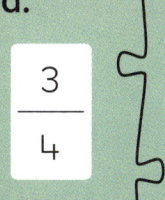

a. $\dfrac{3}{4}$ _____ **is** shaded

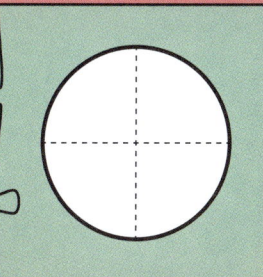

b. **two-sixths** **is not** shaded ___

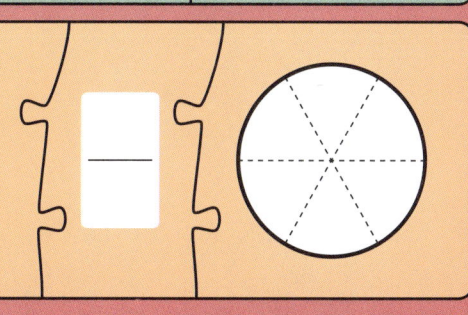

3. Complete the multiplication fact you would use to figure out the division fact. Then complete the division fact.

a. 12 dots in total

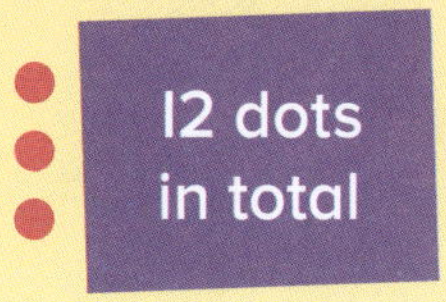

3 × ____ = 12

12 ÷ ____ = 3

b. 20 dots in total

____ × 4 = 20

20 ÷ 4 = ____

c. 28 dots in total

4 × ____ = 28

28 ÷ ____ = 4

d. 14 dots in total

____ × 7 = 14

14 ÷ ____ = 7

1. Write the missing numbers.

a. 6 ×2→ ___ ×2→ ___   × ___

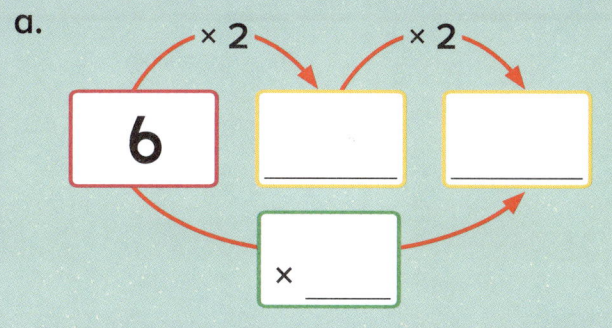

b. 8 ×2→ ___ ×2→ ___   × ___

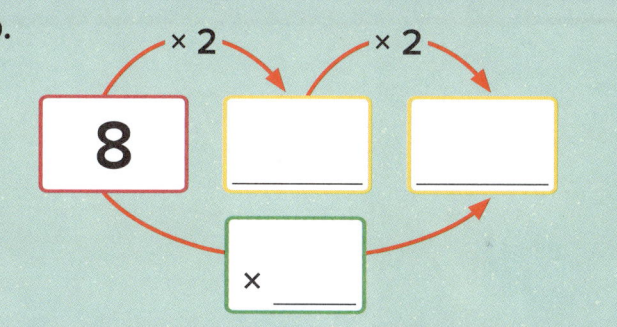

2. Use what you can see to help write the complete fact family.

a.
6 × 4 = ___
4 × 6 = ___
___ ÷ ___ = ___
___ ÷ ___ = ___

b. 
4 × ___ = ___
___ × 4 = ___
___ ÷ ___ = ___
___ ÷ ___ = ___

c.
___ × ___ = ___
___ × ___ = ___
___ ÷ ___ = ___
___ ÷ ___ = ___

3. Write the products for each of these.

a. 
2 × 5 = ___
4 × 5 = ___
8 × 5 = ___

b. 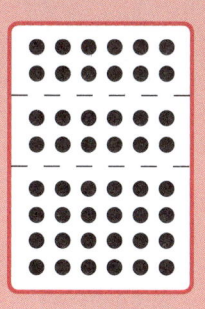
2 × 6 = ___
4 × 6 = ___
8 × 6 = ___

c. 
2 × 3 = ___
4 × 3 = ___
8 × 3 = ___

d. 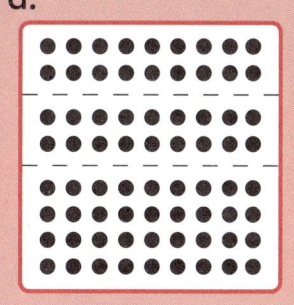
2 × 9 = ___
4 × 9 = ___
8 × 9 = ___

ORIGO Stepping Stones 3 6.2

WHICH ROOM?

Cutie the cat sleeps on the piano. Last night, a storm hit and the lights went out. Where was Cutie when the lights went out?

★ For each of these, write the product and the turnaround fact.
Then write each letter above its matching product in the grid below.

4 × 3 = ___ = ___ × ___ h   6 × 4 = ___ = ___ × ___ n

8 × 4 = ___ = ___ × ___ e   4 × 0 = ___ = ___ × ___ a

4 × 7 = ___ = ___ × ___ i   9 × 4 = ___ = ___ × ___ r

2 × 4 = ___ = ___ × ___ t   4 × 5 = ___ = ___ × ___ k

4 × 1 = ___ = ___ × ___ d

___ ___   ___ ___ ___ ___   ___ ___ ___ ___
28 24   8 12 32   4   0 36 20

Write the products for these as fast as you can.

4 × 4 = ___   4 × 8 = ___   5 × 4 = ___

1 × 4 = ___   7 × 4 = ___   4 × 9 = ___

4 × 6 = ___   4 × 2 = ___   3 × 4 = ___

1. Draw lines to connect clocks that show the same time.

2. Write a multiplication fact and division fact that you could use to solve each problem.

a. The roller coaster cars carry 4 people. There are 20 people waiting in line.

   How many cars will be filled?

   ___ × ___ = ___

   ___ ÷ ___ = ___

b. 40 crates of oranges are shared equally among 5 stores.

   How many crates will each store receive?

   ___ × ___ = ___

   ___ ÷ ___ = ___

3. Complete each picture.

a. 3 →×2 ___ →×2 ___ →×2 ___   × ___

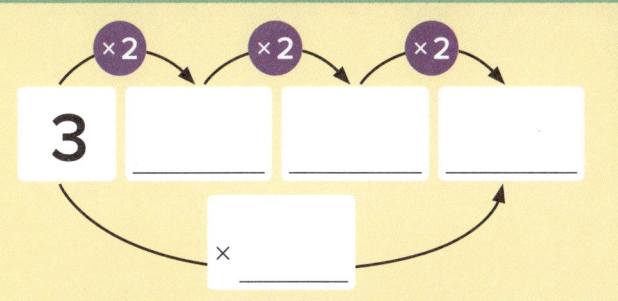

b. 6 →×2 ___ →×2 ___ →×2 ___   × ___

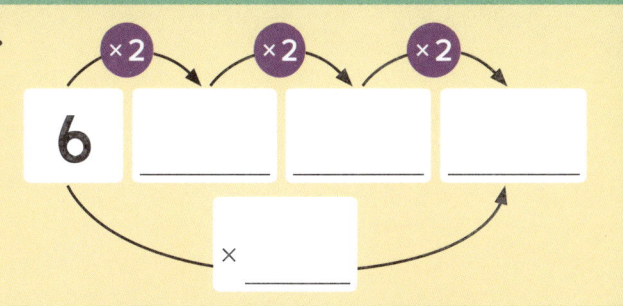

c. 9 →×2 ___ →×2 ___ →×2 ___   × ___

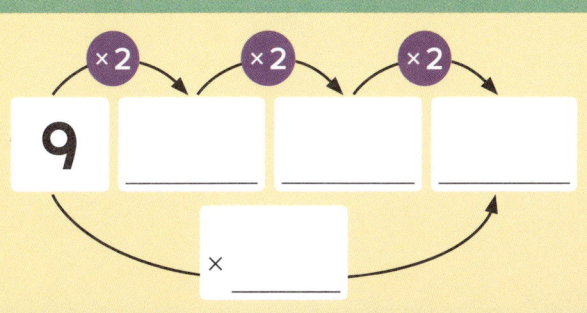

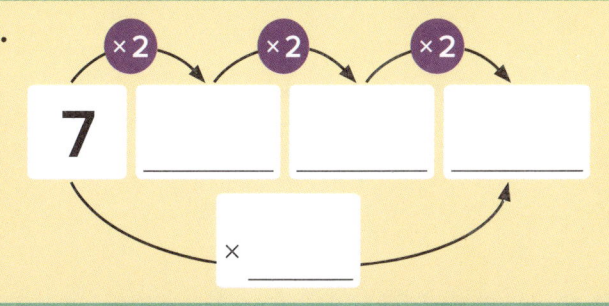

d. 7 →×2 ___ →×2 ___ →×2 ___   × ___

1. Look at the blocks. Write the matching number on the expander.

a. [ ] thousands [ ] hundreds [ ] [ ]

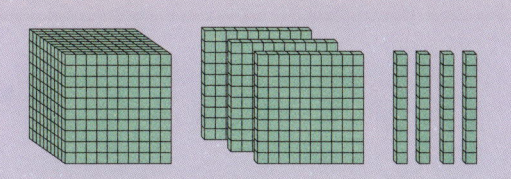

b. [ ] thousands [ ] hundreds [ ] [ ]

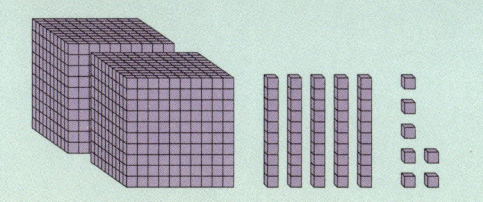

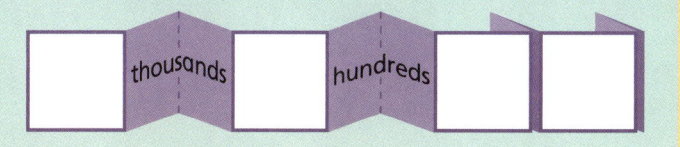

2. Color an array to match the numbers given. Then complete the fact family to match.

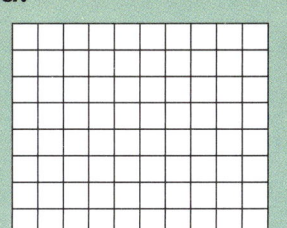

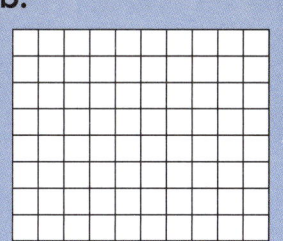

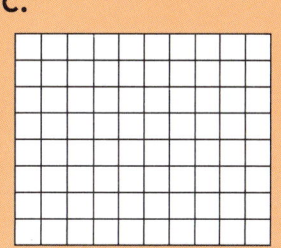

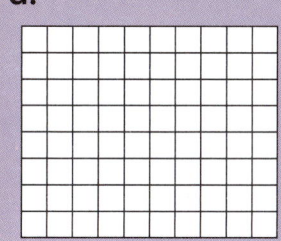

a. 4 × 5 = ____

___ × ___ = ___

___ ÷ ___ = ___

___ ÷ ___ = ___

b. 8 × 2 = ____

___ × ___ = ___

___ ÷ ___ = ___

___ ÷ ___ = ___

c. 5 × 7 = ____

___ × ___ = ___

___ ÷ ___ = ___

___ ÷ ___ = ___

d. 4 × 8 = ____

___ × ___ = ___

___ ÷ ___ = ___

___ ÷ ___ = ___

3. Complete the number fact to match each picture.

a. **1 line of 5 children**
How many children in total?

1 × [ ] = [ ]

b. **1 flower in each vase**
How many flowers in total?

[ ] × 1 = [ ]

ORIGO Stepping Stones 3 · 6.6

MISTAKES

What word is always spelt incorrectly?

★ Figure out each of these and write the product. Find the product in the grid below and cross out the letter above. Then write the remaining letters at the bottom of the page.

2 × 45 = ____   2 × 71 = ____   2 × 61 = ____

55 × 2 = ____   2 × 44 = ____   34 × 2 = ____

2 × 85 = ____   15 × 2 = ____   2 × 33 = ____

2 × 51 = ____   2 × 12 = ____   2 × 21 = ____

50 × 2 = ____   35 × 2 = ____   95 × 2 = ____

2 × 43 = ____   75 × 2 = ____   2 × 60 = ____

54 × 2 = ____   2 × 63 = ____   64 × 2 = ____

2 × 72 = ____

I	N	E	R	R	O	R	C	E	N	T
106	84	66	102	90	150	144	104	122	120	24
O	R	F	U	L	L	Y	R	U	S	H
64	76	30	128	142	42	68	124	170	108	70
E	C	C	E	P	T	T	A	L	L	Y
60	110	80	100	126	82	88	86	78	190	92

Write the remaining letters in order from the ✻ to the bottom-right corner.

1. Write the number that is shown by each arrow.

a. _____ b. _____ c. _____ d. _____

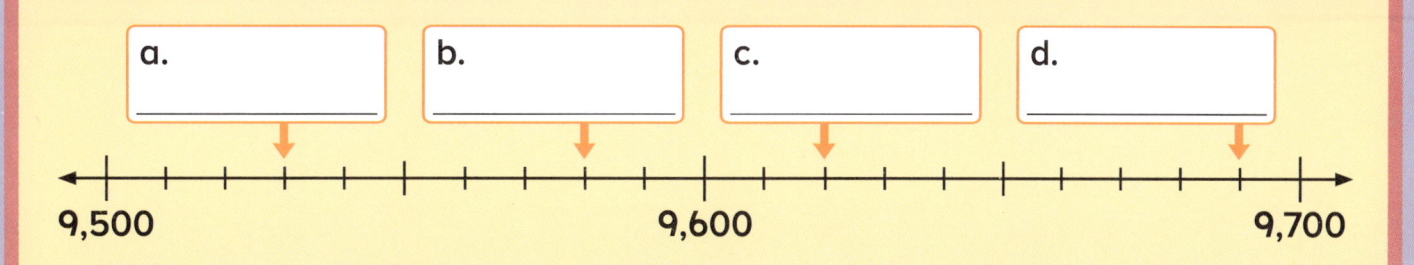

9,500   9,600   9,700

e. _____ f. _____ g. _____ h. _____

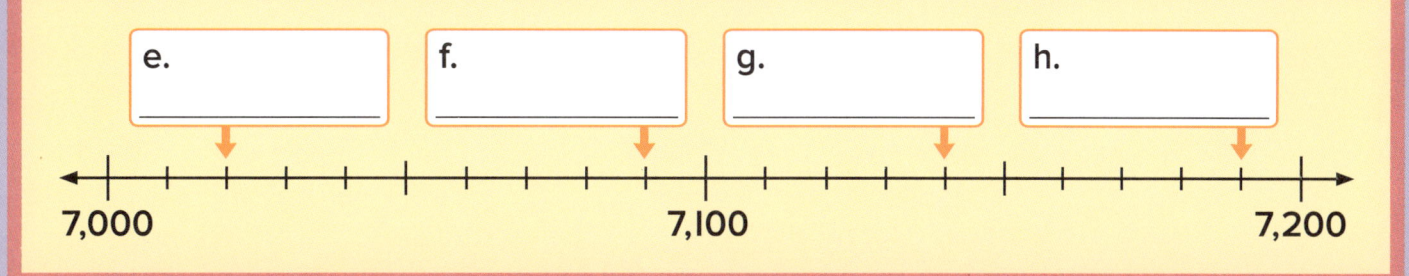

7,000   7,100   7,200

2. Each picture shows one corner of a quadrilateral. Draw the other two sides to make a square or non-square rectangle.

a.

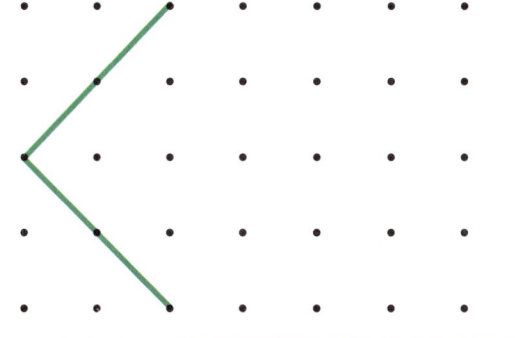

b.

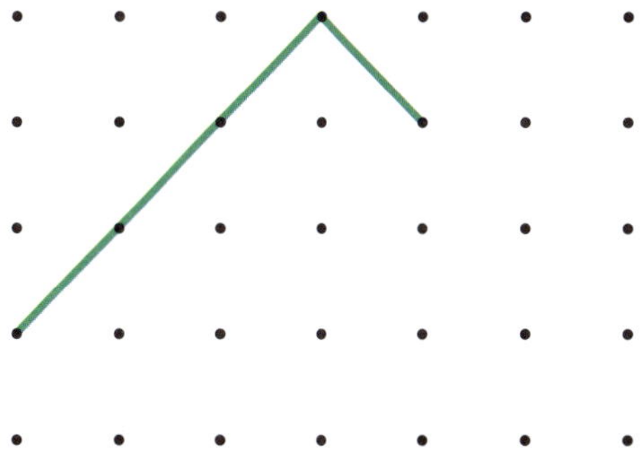

3. a. Draw jumps on the number line to show each equation. Then write the products.

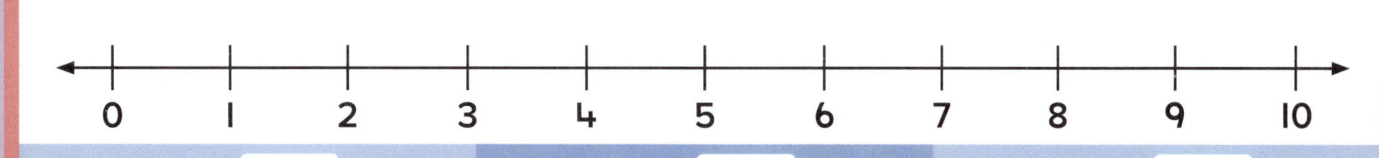

0 1 2 3 4 5 6 7 8 9 10

3 × 2 = ____   3 × 1 = ____   3 × 0 = ____

b. What happens when you multiply by 0?

1. Each large rectangle is one whole. Color two parts of equal size in each shape. Record the number of parts and then write the fraction in words.

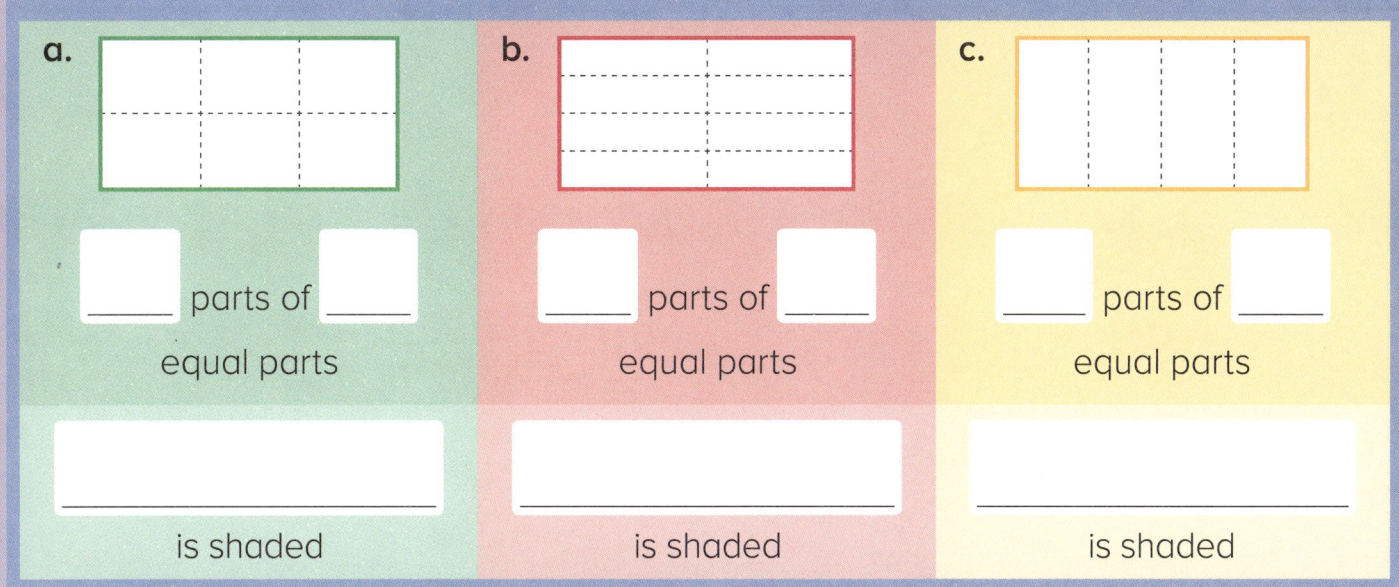

a.

____ parts of ____ equal parts

_____ is shaded

b.

____ parts of ____ equal parts

_____ is shaded

c.

____ parts of ____ equal parts

_____ is shaded

2. Draw lines between dots to split each shape into **three** rectangles.

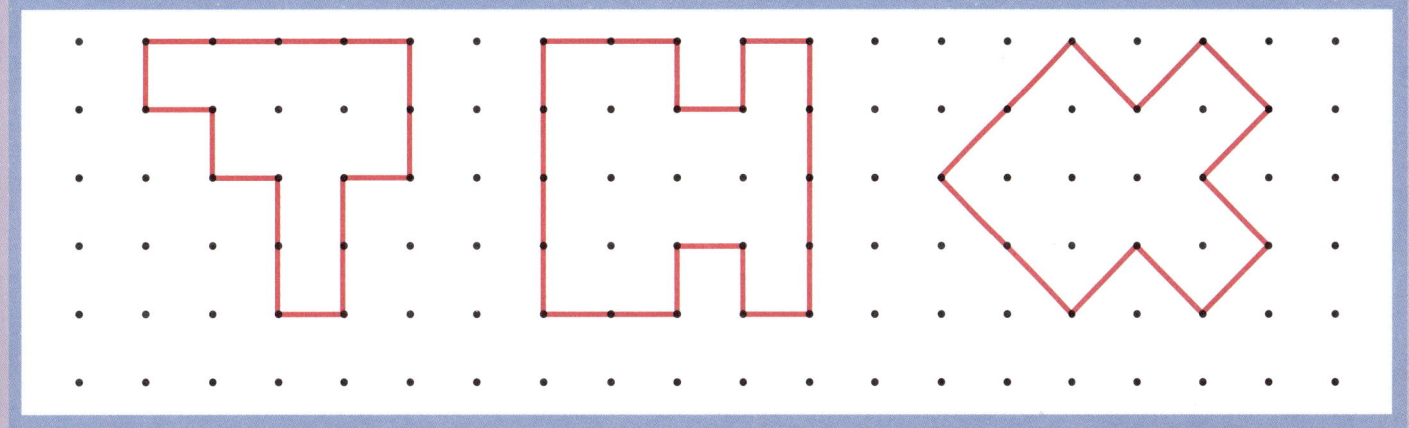

3. For each number line, the distance from 0 to 1 is one whole. Look at the number of parts on each number line. Write the fraction that should be in each box.

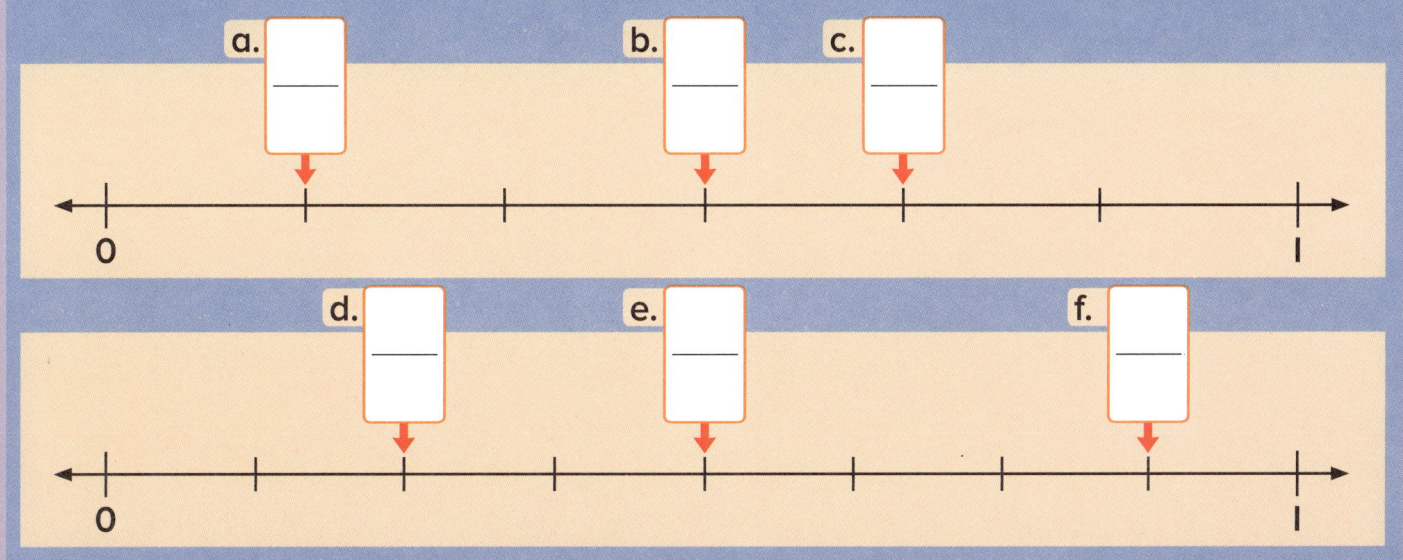

a. ____   b. ____   c. ____

d. ____   e. ____   f. ____

ORIGO Stepping Stones 3 · 6.10

HARDBALL!

What animal is best at baseball?

★ Figure out each of these and write the total. Then find each total in the grid below and cross out the letter above.

124 + 39 = 163	247 + 28 = 275	359 + 38 = 397
19 + 346 = 365	19 + 167 = 186	156 + 28 = 184
238 + 39 = 277	49 + 418 = 467	29 + 249 = 278
38 + 229 = 267	167 + 29 = 196	338 + 29 = 367
145 + 48 = 193	256 + 38 = 294	18 + 158 = 176
28 + 269 = 297	368 + 19 = 387	218 + 29 = 247
347 + 28 = 375	48 + 149 = 197	

✸
A	F	O	X	I	E	I	T	B	I	R	D
187	365	294	186	163	278	267	176	198	184	247	196
A	B	E	A	R	Y	C	A	T	A	N	T
193	275	387	375	397	367	297	276	467	197	277	366

Write the remaining letters in order from the ✸ to the bottom-right corner.

A B A T

1. Each large rectangle is one whole. On the left side of each rectangle, write the fraction that is shaded. Then shade one more part and write the new fraction on the right side.

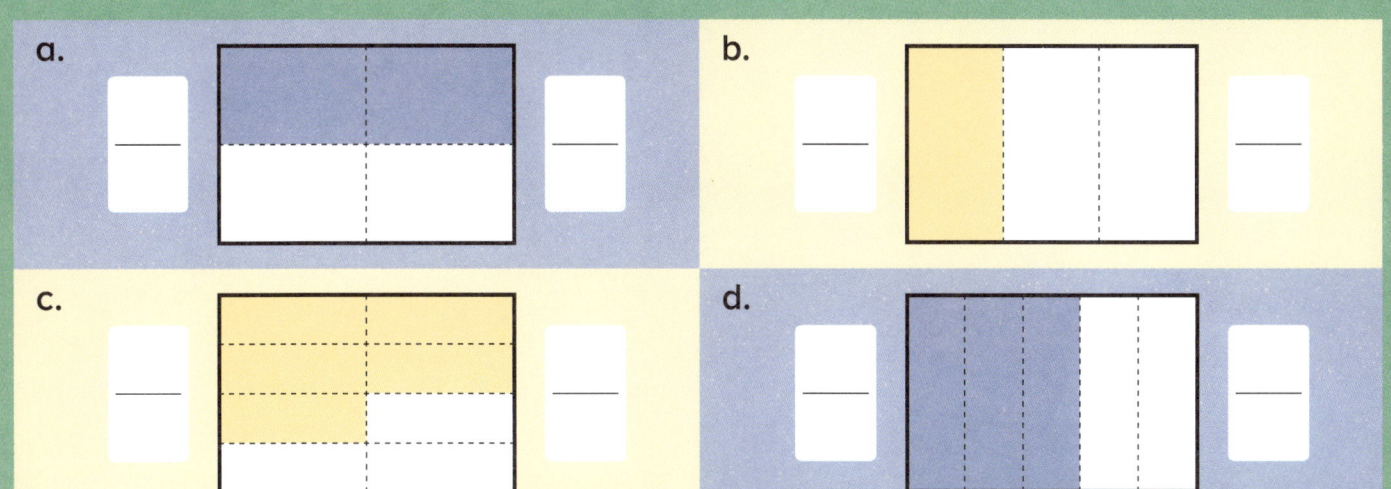

a.

b.

c.

d.

2. Color each rhombus. Use a centimeter ruler to help you decide.

3. On each number line, the distance from 0 to 1 is one whole. Write the missing fractions.

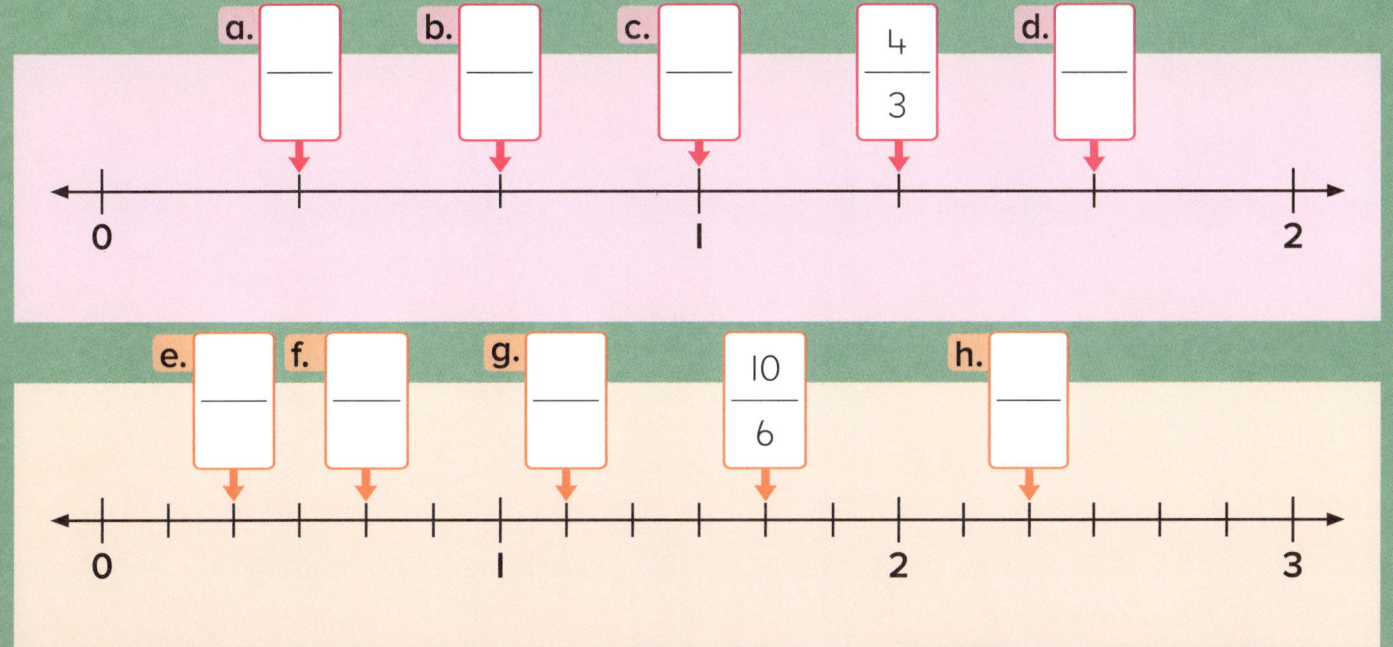

a.   b.   c. $\dfrac{4}{3}$ d.

e.   f.   g. $\dfrac{10}{6}$ h.

Top Ten Waterfalls of the World

James Bruce Falls, New Zealand	2,755 ft	Olo'upena Falls, USA	2,953 ft
Vinnufossen, Norway	2,822 ft	Balåifossen, Norway	2,788 ft
Pu'uka'oku Falls, USA	2,756 ft	Tugela Falls, South Africa	3,110 ft
Angel Falls, Venezuela	3,212 ft	Browne Falls	2,744 ft
Catarata Tumbilla, Peru	2,938 ft	Cataratas las Tres Hermanos, Peru	3,000 ft

1. Write these heights in order from **greatest** to **least**.

greatest _____, _____, _____, _____, _____,

_____, _____, _____, _____, _____ least

2. Use a doubling strategy to complete this table.

	Number	Double (×2)	Double Double (×4)	Double Double Double (×8)
a.	5	10		
b.	8			
c.	6			
d.	3			

3. Complete the number fact. Then use the fact to figure out the product below.

a. If 5 × 3 = **15**
Then 5 × 30 = **150**

b. If 3 × 4 = ___
Then 3 × 40 = ___

c. If 2 × 7 = ___
Then 2 × 70 = ___

d. If 6 × 5 = ___
Then 6 × 50 = ___

e. If 9 × 2 = ___
Then 9 × 20 = ___

f. If 4 × 8 = ___
Then 4 × 80 = ___

AN AMAZING FACT

Figure out each of these and write the product. Then write each letter above its matching product at the bottom of the page. Some letters appear more than once.

2 × 6 = ____ e
9 × 5 = ____ r
5 × 5 = ____ i
9 × 4 = ____ h
3 × 8 = ____ a
3 × 5 = ____ w
7 × 5 = ____ g
5 × 6 = ____ k

4 × 8 = ____ l
8 × 9 = ____ n
7 × 4 = ____ s
6 × 8 = ____ t
2 × 8 = ____ c
7 × 8 = ____ d
9 × 2 = ____ o
5 × 4 = ____ u

20 32 20 45 20   25 28   48 36 12

32 24 45 35 12 28 48   45 18 16 30

25 72   48 36 12   15 18 45 32 56

1. Color parts of each picture to show the same fraction two different ways.

a.

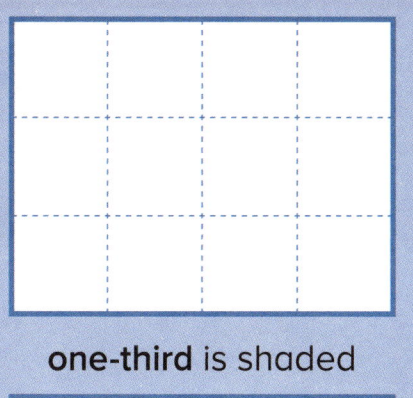

one-third is shaded

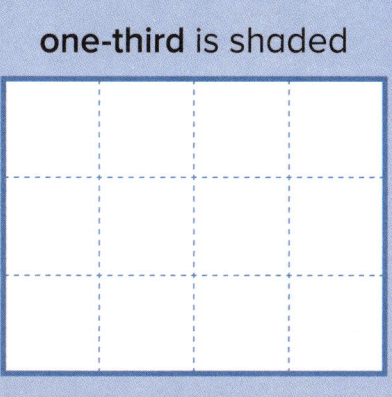

b.

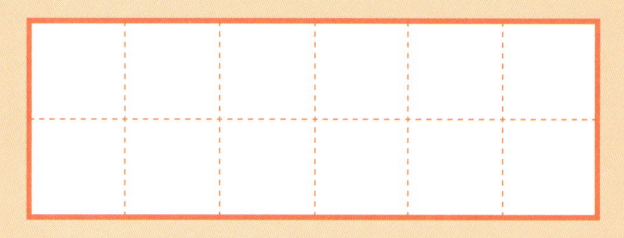

one-fourth is shaded

2. Write an equation to match. Then write the answer.

a. Dad had 10 lengths of lumber. Each length was 6 feet long. He used 4 lengths. How many feet of lumber did he use?

___ × ___ = ___

_____ feet

b. 2-liter bottles of milk cost $3 each. What is the total cost of 4 bottles?

___ × ___ = ___

$ _____

3. Write the product for the tens facts. Then use that fact to help you complete the nines facts and its turnaround.

a.
10 × 2 = ___
so
9 × 2 = ___
2 × 9 = ___

b.
10 × 8 = ___
so
9 × 8 = ___
8 × 9 = ___

c.
10 × 3 = ___
so
9 × 3 = ___
3 × 9 = ___

ORIGO Stepping Stones 3 • 7.4

1. Complete each of these to describe the part that is shaded.

a. ___ parts of ___ equal parts

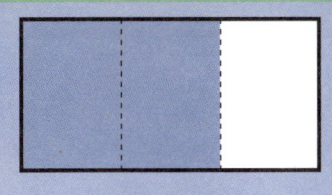

two-_____ is shaded

b. ___ parts of ___ equal parts

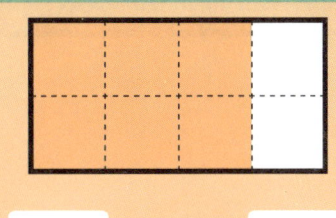

_____ is shaded

c. ___ parts of ___ equal parts

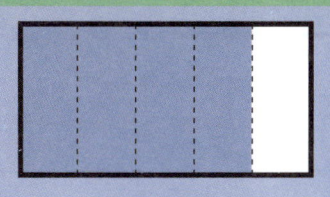

_____ is shaded

2. Complete the equations to match the jumps on the number line.

a. ___ + ___ + ___ = $\frac{}{5}$

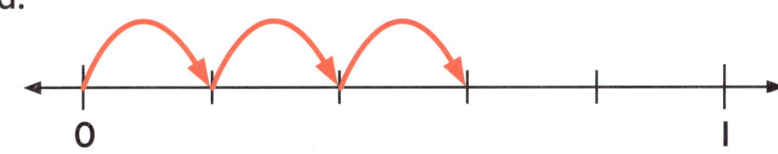

b. _____ = $\frac{}{\quad}$

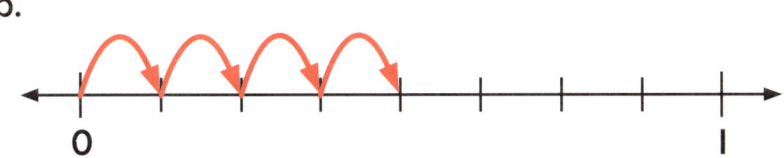

3. Complete the equations in the boxes below.

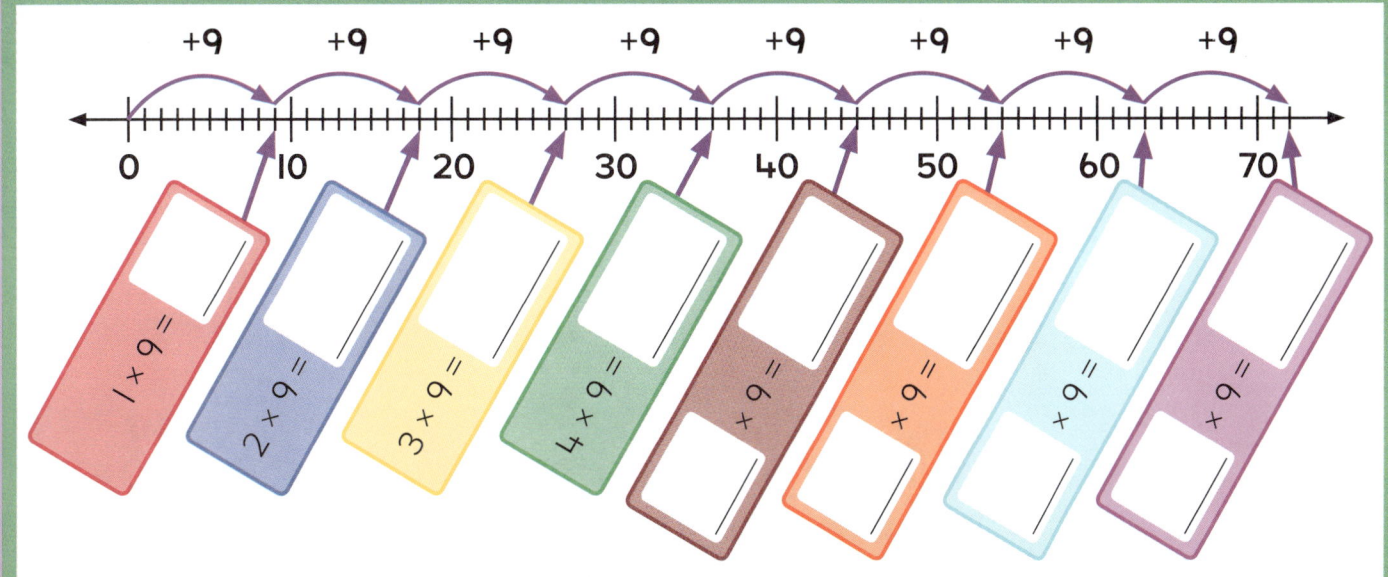

$1 \times 9 =$ ___
$2 \times 9 =$ ___
$3 \times 9 =$ ___
$4 \times 9 =$ ___
___ $\times 9 =$ ___
___ $\times 9 =$ ___
___ $\times 9 =$ ___
___ $\times 9 =$ ___

RACE TRACK

Time Taken:

★ For each of these, write the multiplication fact you would use to help figure out the division fact. Then write the answers. Use the classroom clock to time yourself.

18 ÷ 2 = 9
2 × 9 = 18

16 ÷ 2 = ___
___ × ___ = ___

36 ÷ 4 = ___
___ × ___ = ___

20 ÷ 2 = ___
___ × ___ = ___

12 ÷ 4 = ___
___ × ___ = ___

28 ÷ 4 = ___
___ × ___ = ___

6 ÷ 2 = ___
___ × ___ = ___

20 ÷ 4 = ___
___ × ___ = ___

12 ÷ 2 = ___
___ × ___ = ___

32 ÷ 4 = ___
___ × ___ = ___

14 ÷ 2 = ___
___ × ___ = ___

16 ÷ 4 = ___
___ × ___ = ___

10 ÷ 2 = ___
___ × ___ = ___

24 ÷ 4 = ___
___ × ___ = ___

2 ÷ 2 = ___
___ × ___ = ___

8 ÷ 4 = ___
___ × ___ = ___

8 ÷ 2 = ___
___ × ___ = ___

ORIGO Stepping Stones 3 • 7.7

1. Complete each of these. Use tens and ones blocks to help your thinking.

a.
28 in groups of 4 is _____ groups

28 ÷ 4 = _____

b.
16 in groups of 2 is _____ groups

16 ÷ 2 = _____

c.
30 in groups of 5 is _____ groups

30 ÷ 5 = _____

d.
20 in groups of 4 is _____ groups

20 ÷ 4 = _____

2. Each large shape is one whole. Write the fraction that is shaded.

a.

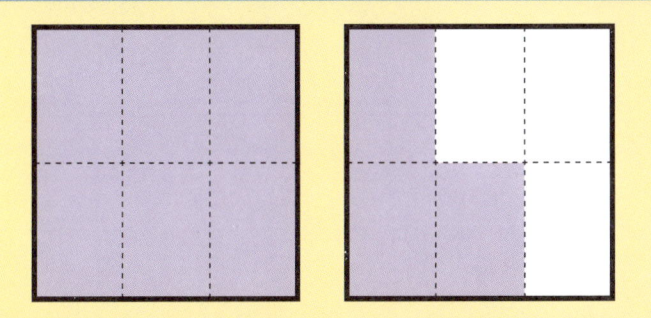

b.

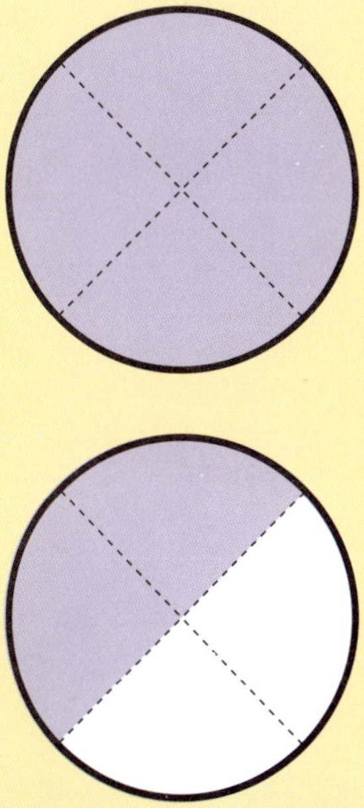

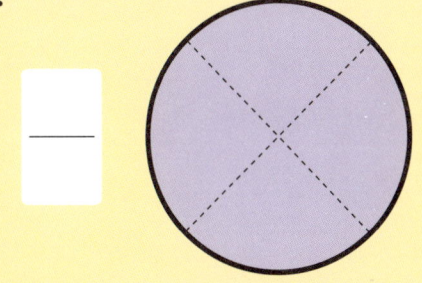

c.

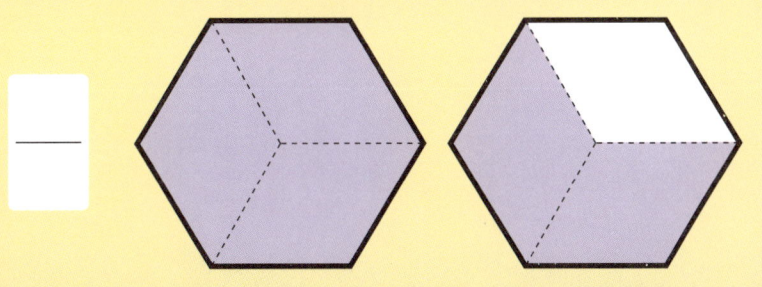

3. Complete the multiplication fact you would use to figure out the division fact. Then complete the division fact.

a.
32 dots in total

_____ × 8 = 32

32 ÷ 8 = _____

b.
24 dots in total

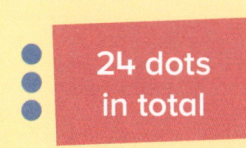

3 × _____ = 24

24 ÷ 3 = _____

c.
40 dots in total

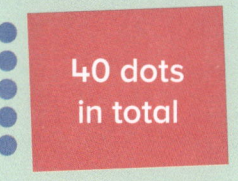

5 × _____ = 40

40 ÷ 5 = _____

d.
56 dots in total

_____ × 8 = 56

56 ÷ 8 = _____

ORIGO Stepping Stones 3 · 7.8

1. Color an array to match the numbers given. Then complete the fact family.

a.

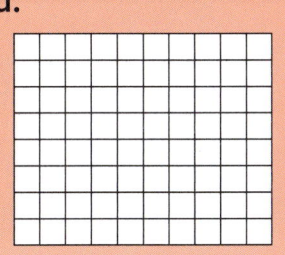

5 × 3 = ___

___ × ___ = ___

___ ÷ ___ = ___

___ ÷ ___ = ___

b.

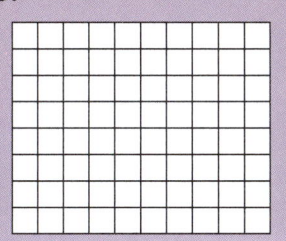

4 × 9 = ___

___ × ___ = ___

___ ÷ ___ = ___

___ ÷ ___ = ___

c.

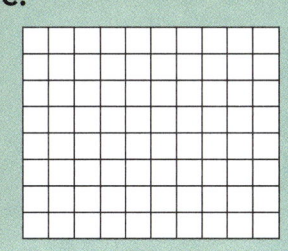

6 × 4 = ___

___ × ___ = ___

___ ÷ ___ = ___

___ ÷ ___ = ___

d.

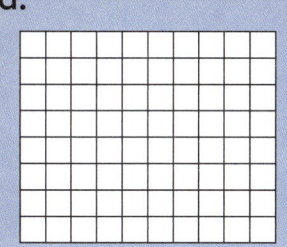

7 × 5 = ___

___ × ___ = ___

___ ÷ ___ = ___

___ ÷ ___ = ___

2. Each large shape is one whole. Color shapes to show each fraction.

a. $\frac{5}{4}$

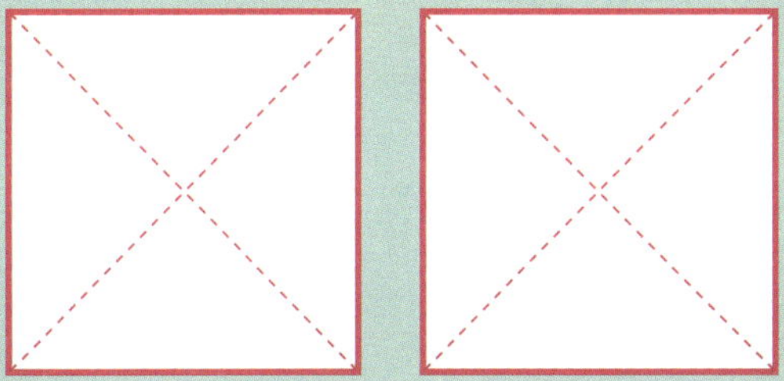

b. $\frac{4}{2}$

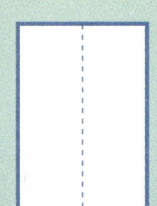

c. $\frac{8}{6}$

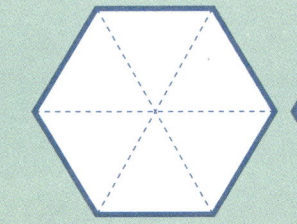

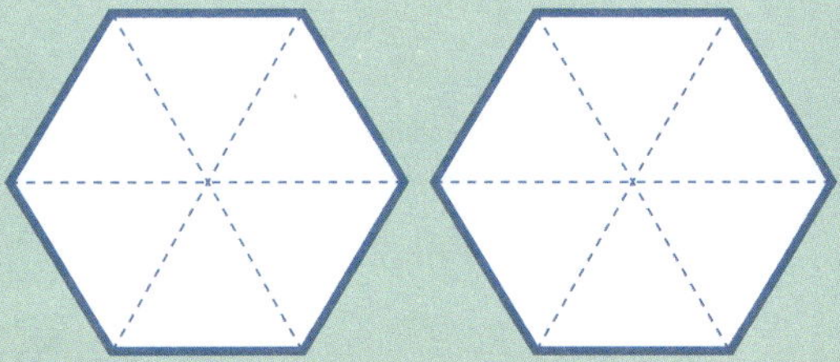

d. $\frac{7}{3}$

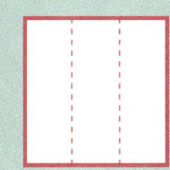

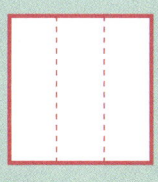

3. Complete each equation. Then use the same color to show the number facts that belong in the same fact family.

16 ÷ 2 = ___

24 ÷ 8 = ___

40 ÷ 5 = ___

56 ÷ 7 = ___

3 × 8 = ___

56 ÷ 8 = ___

8 × 2 = ___

5 × 8 = ___

ORIGO Stepping Stones 3 · 7.10

STICKY BUSINESS

★ To reveal an amazing fact, figure out each of these and write the difference. Then write each letter above the matching difference at the bottom of this page.

550 − 210 = ___	m		640 − 210 = ___	d
470 − 320 = ___	a		780 − 360 = ___	n
970 − 610 = ___	w		860 − 530 = ___	e
380 − 120 = ___	h		560 − 340 = ___	t
690 − 380 = ___	r		460 − 230 = ___	o
760 − 350 = ___	p		980 − 540 = ___	s
870 − 320 = ___	w		360 − 240 = ___	i
580 − 420 = ___	b			

Some letters appear more than once.

420 230   220 550 230

440 410 120 430 330 310   360 330 160 440

150 310 330   220 260 330   440 150 340 330

ORIGO Stepping Stones 3 • 7.11

66

1. Complete these facts.

a. 30 dots in total

___ × 5 = 30

30 ÷ 5 = ___

b. 15 dots in total

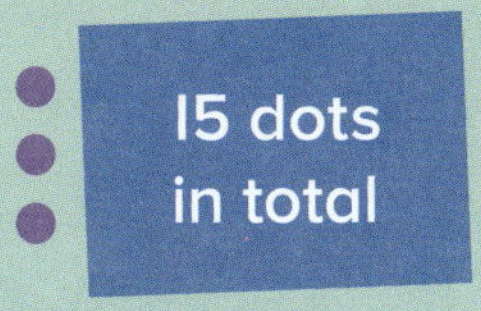

3 × ___ = 15

15 ÷ 3 = ___

c. 45 dots in total

5 × ___ = 45

45 ÷ 5 = ___

d. 40 dots in total

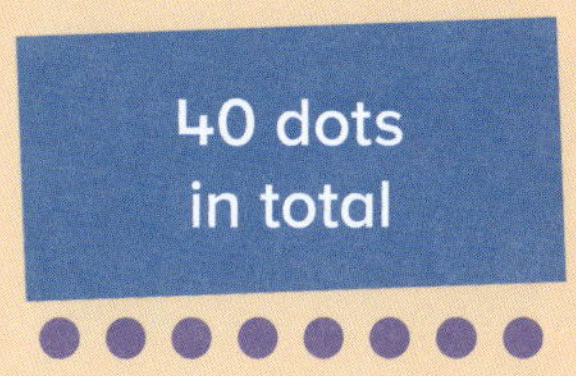

___ × 8 = 40

40 ÷ 8 = ___

2. For these number lines, the distance from 0 to 1 is one whole. Draw a line to connect each fraction to its position on the number line.

a. $\frac{1}{3}$ b. $\frac{3}{3}$ c. $\frac{5}{3}$ d. $\frac{7}{3}$ e. $\frac{8}{3}$

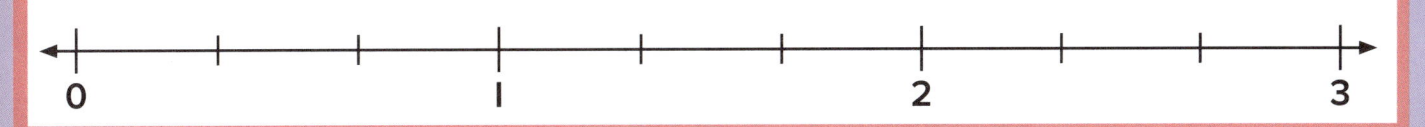

f. $\frac{3}{6}$ g. $\frac{9}{6}$ h. $\frac{12}{6}$ i. $\frac{18}{6}$ j. $\frac{16}{6}$

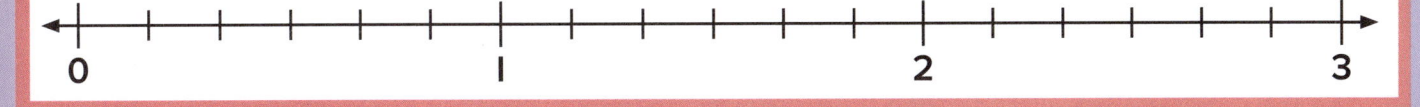

3. For each of these, color the ◯ beside the best description of the answer.

a. 0 ÷ 7
◯ not possible
◯ has to be 0
◯ cannot be decided

b. 6 ÷ 0
◯ not possible
◯ has to be 0
◯ cannot be decided

c. 0 ÷ 8
◯ not possible
◯ has to be 0
◯ cannot be decided

1. Write each time.

a. _____ minutes past _____

b. _____ minutes past _____

c. _____ minutes past _____

2. Write the product in the number sentence. Then write the multiplication fact you used to figure it out.

a. 2 × 40 = _____
   _____ × _____ = _____

b. 4 × 50 = _____
   _____ × _____ = _____

c. 70 × 2 = _____
   _____ × _____ = _____

d. 20 × 8 = _____
   _____ × _____ = _____

e. 30 × 5 = _____
   _____ × _____ = _____

f. 40 × 6 = _____
   _____ × _____ = _____

3. Estimate the total cost. Then record your thinking to figure out the exact cost.

a. $341 $157
   Estimate $ _____
   Exact cost $ _____

b. $254 $415
   Estimate $ _____
   Exact cost $ _____

c. $324 $452
   Estimate $ _____
   Exact cost $ _____

CIRCUS TRICKS

Why did the tiger spit out the clown?

★ Figure out each of these. Then write the product and the turnaround fact. Write each letter above the matching product in the grid. Some letters appear more than once.

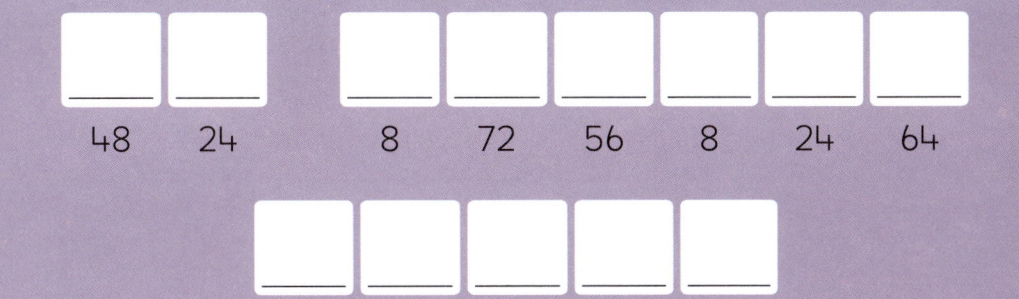

8 × 1 = ___ = ___ × ___ | t
10 × 8 = ___ = ___ × ___ | u
6 × 8 = ___ = ___ × ___ | h
8 × 4 = ___ = ___ × ___ | y
8 × 3 = ___ = ___ × ___ | e
9 × 8 = ___ = ___ × ___ | a
8 × 5 = ___ = ___ × ___ | n
8 × 7 = ___ = ___ × ___ | s
8 × 8 = ___ = ___ × ___ | d
2 × 8 = ___ = ___ × ___ | f

Grid:
___ ___   ___ ___ ___ ___ ___ ___
48 24   8   72 56 8   24 64

___ ___ ___ ___ ___
16 80 40 40 32

Write the products for these as fast as you can.

5 × 8 = ___   8 × 8 = ___   1 × 8 = ___

8 × 2 = ___   8 × 9 = ___   8 × 6 = ___

4 × 8 = ___   7 × 8 = ___   3 × 8 = ___

1. Write the matching number on the expander and in words.

a.

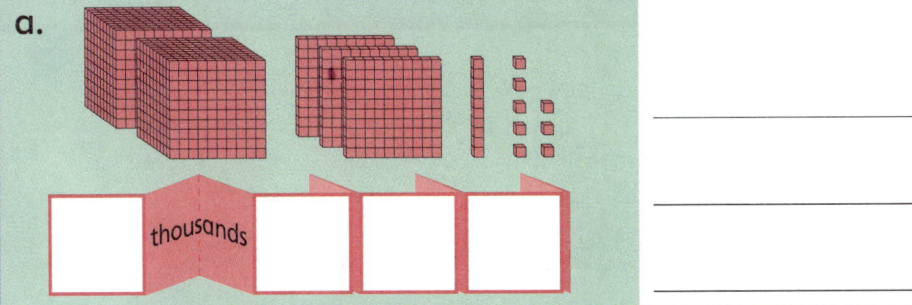

b.

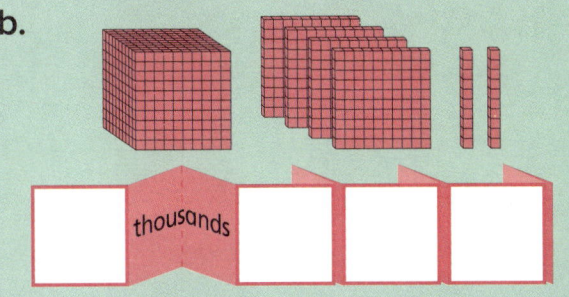

2. Write the product for the tens fact. Then use that fact to help you complete the nines fact and its turnaround.

a. $10 \times 5 =$ ___

so

___ 9 × ___ = ___

___ × 9 ___ = ___

b. $10 \times 3 =$ ___

so

___ 9 × ___ = ___

___ × 9 ___ = ___

c. $10 \times 4 =$ ___

so

___ 9 × ___ = ___

___ × 9 ___ = ___

3. Use the standard addition algorithm to calculate the total cost.

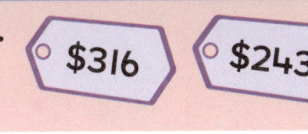

a. $316 $243

H	T	O
3	1	6
+ 2	4	3

b. $136 $421

H	T	O
+		

c. $252 $317

H	T	O
+		

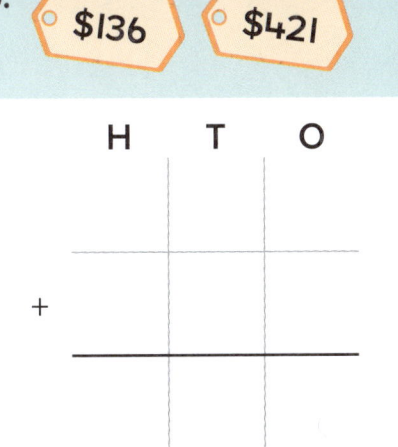

1. Write the fact family for each array.

a.

_4_ × _6_ = ___

_6_ × _4_ = ___

___ ÷ ___ = ___

___ ÷ ___ = ___

b.

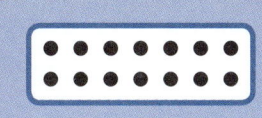

___ × ___ = ___

___ × ___ = ___

___ ÷ ___ = ___

___ ÷ ___ = ___

c.

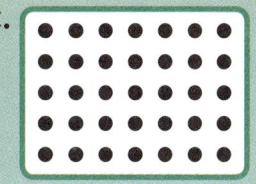

___ × ___ = ___

___ × ___ = ___

___ ÷ ___ = ___

___ ÷ ___ = ___

d.

___ × ___ = ___

___ × ___ = ___

___ ÷ ___ = ___

___ ÷ ___ = ___

2. Look at the prices on the menu. Write number sentences to figure out these problems.

a. What is the total cost of 5 sandwiches?

b. What is the total cost of 8 drinks?

c. What is the total cost of 9 meal deals?

MENU

Sandwich $3
Drink $2
Meal Deal $4

3. Use the standard addition algorithm to calculate each total.

a.
H	T	O
3	2	6
+	4	5

b.
H	T	O
2	1	8
+	5	6

c.
H	T	O
4	5	7
+	3	8

ORIGO Stepping Stones 3 8.6

OPEN OR SHUT

What goes through a door but never goes in or out?

★ Write a multiplication fact that you can use to figure out the division fact. Then write the answers. Draw a straight line from each answer on the left to a matching answer on the right. The line will pass through a number and a letter. Write the letter above the number at the bottom of the page.

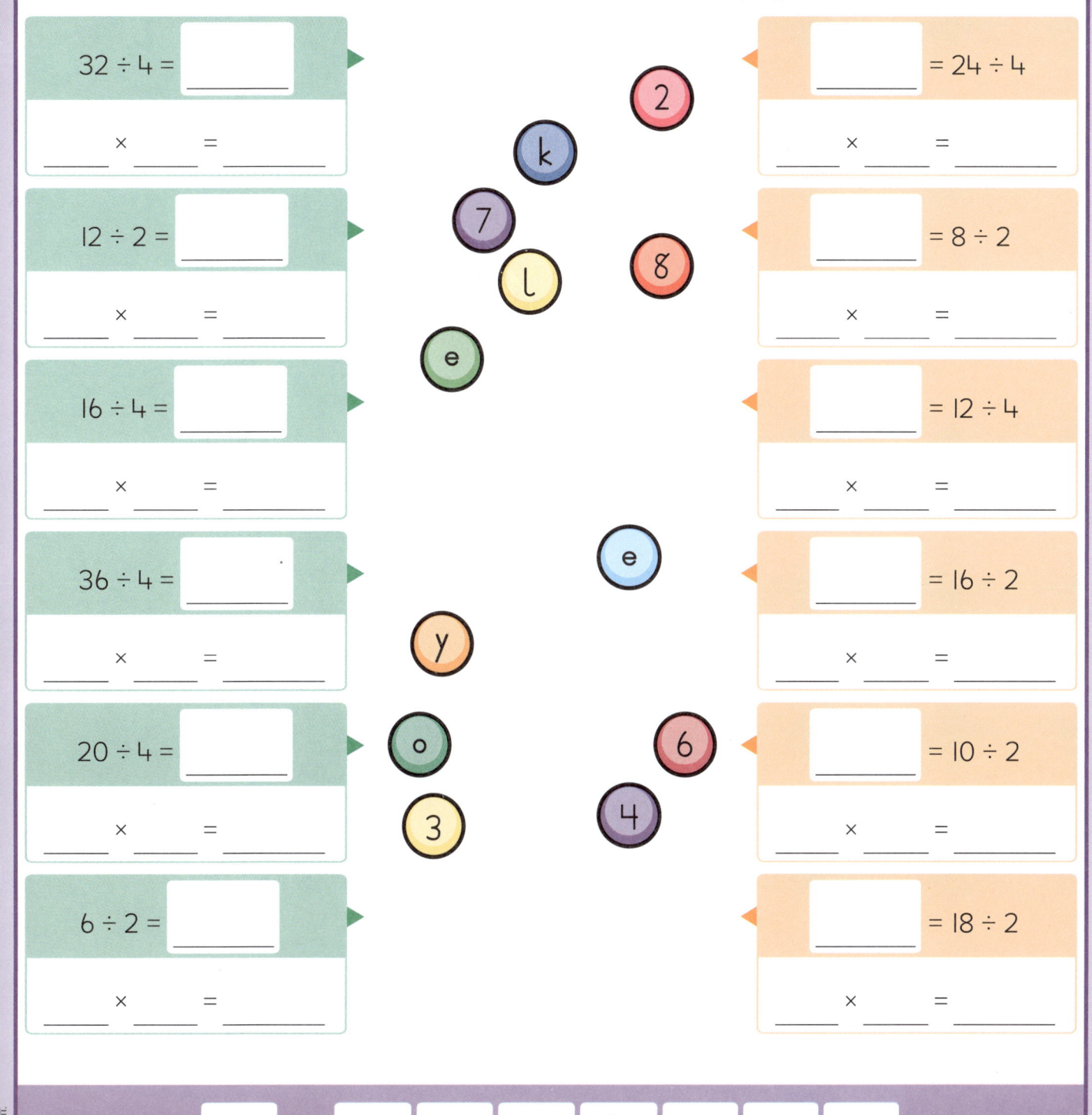

32 ÷ 4 = ___
___ × ___ = ___

___ = 24 ÷ 4
___ × ___ = ___

12 ÷ 2 = ___
___ × ___ = ___

___ = 8 ÷ 2
___ × ___ = ___

16 ÷ 4 = ___
___ × ___ = ___

___ = 12 ÷ 4
___ × ___ = ___

36 ÷ 4 = ___
___ × ___ = ___

___ = 16 ÷ 2
___ × ___ = ___

20 ÷ 4 = ___
___ × ___ = ___

___ = 10 ÷ 2
___ × ___ = ___

6 ÷ 2 = ___
___ × ___ = ___

___ = 18 ÷ 2
___ × ___ = ___

a _ _ _ h _ _ _
2 3 4 5 6 7 8

ORIGO Stepping Stones 3 • 8.7

72

1. Complete the multiplication fact you would use to figure out the division fact. Then complete the division fact.

a. 20 dots in total
_____ × 5 = 20
20 ÷ _____ = _____

b. 24 dots in total
_____ × 6 = 24
24 ÷ _____ = _____

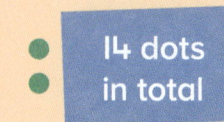

c. 14 dots in total
2 × _____ = 14
14 ÷ _____ = _____

d. 16 dots in total
_____ × 4 = 16
16 ÷ _____ = _____

2. Color an array to match the numbers given. Then complete the matching fact family.

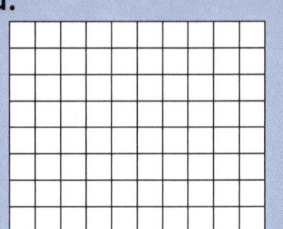

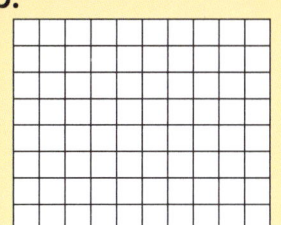

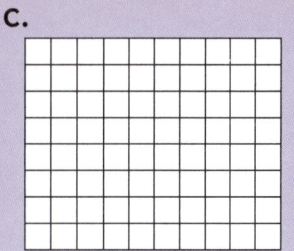

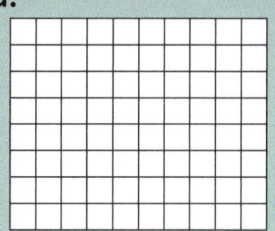

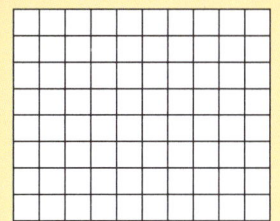

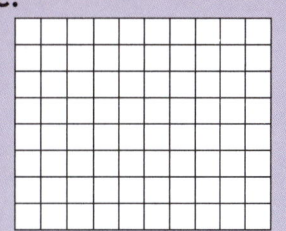

a. 8 × 4 = _____
_____ × _____ = _____
_____ ÷ _____ = _____
_____ ÷ _____ = _____

b. 5 × 8 = _____
_____ × _____ = _____
_____ ÷ _____ = _____
_____ ÷ _____ = _____

c. 8 × 6 = _____
_____ × _____ = _____
_____ ÷ _____ = _____
_____ ÷ _____ = _____

d. 7 × 8 = _____
_____ × _____ = _____
_____ ÷ _____ = _____
_____ ÷ _____ = _____

3. Complete these standard addition algorithms.

a.
H	T	O
6	3	5
+	8	7

b.
H	T	O
2	5	6
+	7	5

c.
H	T	O
4	6	7
+	5	8

ORIGO Stepping Stones 3 8.8

1. Damon wants to make rhombuses with groups of straws. Count and measure the straws in each group below and color the ○ beside the correct answer.

a. 
- ○ Can make a rhombus.
- ○ Can't make a rhombus.

b. 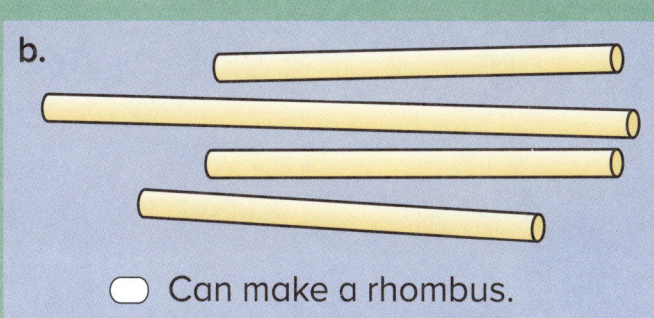
- ○ Can make a rhombus.
- ○ Can't make a rhombus.

2. Look at this graph.

Pizza Sales

🍕 means 10 pizzas

Type of pizza

Pepperoni	🍕	🍕	🍕	🍕	🍕	🍕	🍕	
Cheese	🍕	🍕	🍕	🍕	🍕(half)			
Hawaiian	🍕	🍕	🍕	🍕	🍕	🍕(half)		

a. How many cheese pizzas were sold? _____

b. How many more hawaiian pizzas were sold than cheese pizzas? _____

c. What is the difference between the cheese and pepperoni pizza sales? _____

3. Complete these standard addition algorithms.

a.
H	T	O
6	4	7
+ 1	8	5

b.
H	T	O
3	5	6
+ 4	7	8

c.
H	T	O
5	3	8
+ 2	9	3

ON THE GO

★ To reveal a fun fact, figure out each of these and write the total. Then find the total in the puzzle below and shade the matching letter.

146 + 37 = _____

63 + 118 = _____

57 + 117 = _____

237 + 48 = _____

275 + 26 = _____

136 + 57 = _____

323 + 68 = _____

217 + 46 = _____

114 + 76 = _____

18 + 253 = _____

28 + 326 = _____

137 + 18 = _____

134 + 27 = _____

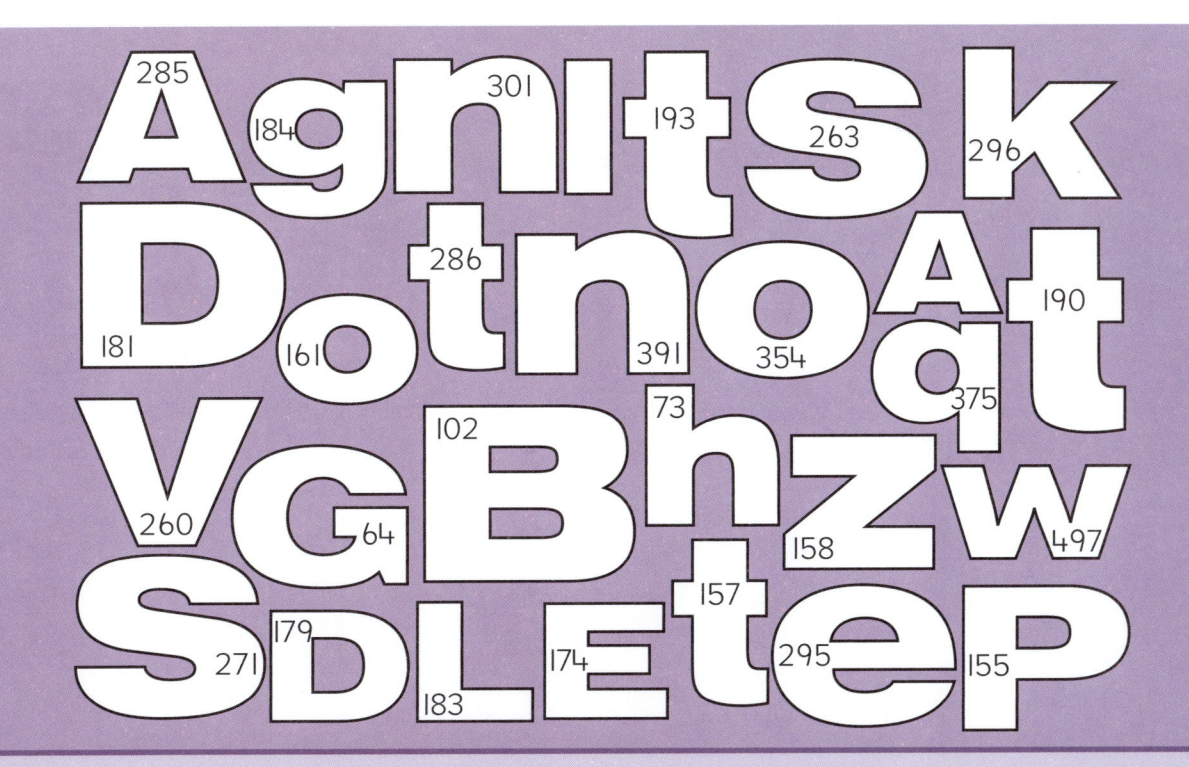

37 + 258 = _____

A 285 g 184 n 301 I 193 t 263 S 296 k
D 181 o 161 t 286 h 391 n 354 o 190 A t 375
V 260 G 64 B 102 h 73 z 158 w 497
S 271 D 179 183 L 174 E 157 t 295 e 155 P

1. Each large shape is one whole. Color the shapes to show each fraction.

a. $\frac{5}{4}$

b. $\frac{14}{6}$

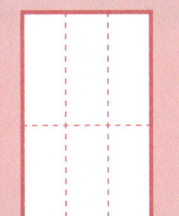

2. Look at this graph.

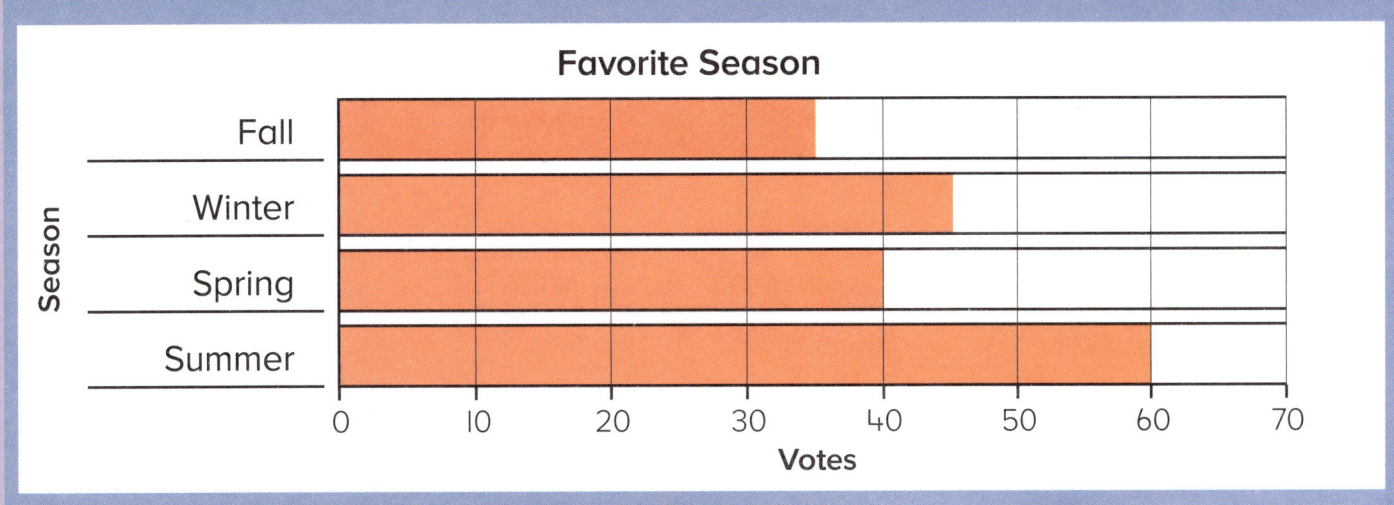

Favorite Season

a. What are the two most popular seasons? _____ and _____

b. How many more votes did Winter get than Fall? _____

c. What is the difference in votes between Summer and Fall? _____

3. Use a mental or written method to solve each word problem.

a. The nature club planted 395 birch trees and 274 pine trees. How many trees did they plant?

Total _____

b. Mia collected 89 aluminum cans. Felix collected 155 cans. How many cans do they have in total?

Total _____

1. On these number lines the distance from 0 to 1 is one whole.
   Write the fraction that should be in each box.

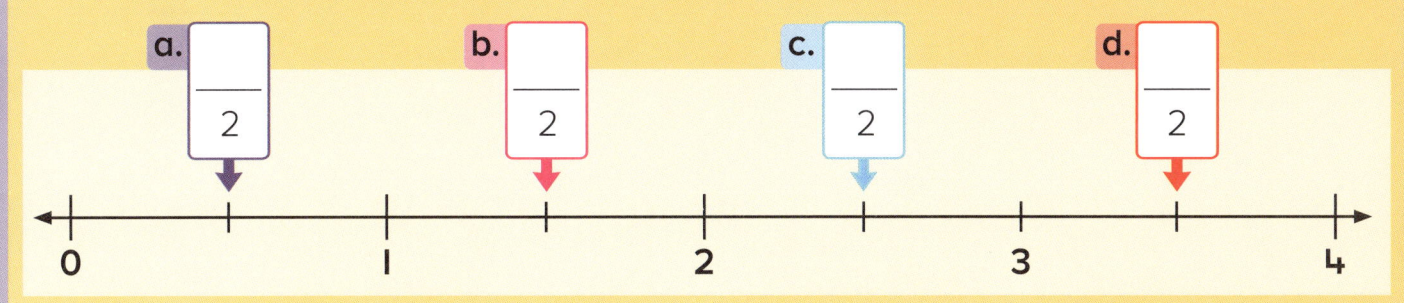

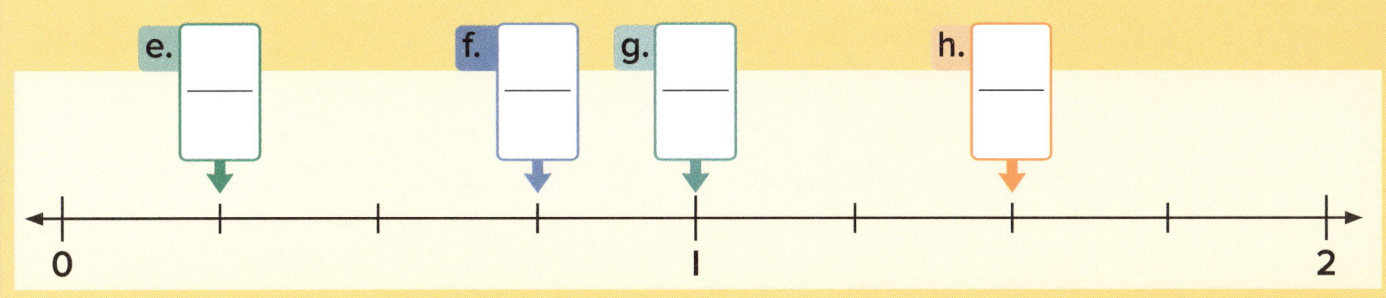

   a. ___/2   b. ___/2   c. ___/2   d. ___/2

   e.   f.   g.   h.

2. Complete the multiplication fact that you could use to figure out the division fact.
   Then complete the division fact.

   a. 27 dots in total

   3 × ___ = 27

   27 ÷ 3 = ___

   b. 45 dots in total

   ___ × 9 = 45

   45 ÷ 9 = ___

   c. 63 dots in total

   7 × ___ = 63

   63 ÷ 7 = ___

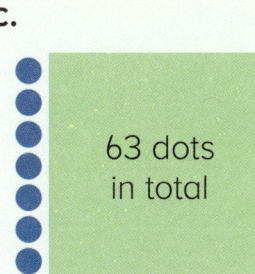

   d. 72 dots in total

   ___ × 9 = 72

   72 ÷ 9 = ___

3. Write the product for the fives fact. Then use that fact to help you complete the sixes fact and its turnaround.

   a. 5 × 3 = ___
   so
   6 × 3 = ___
   ___ × 6 = ___

   b. 5 × 8 = ___
   so
   6 × 8 = ___
   ___ × 6 = ___

   c. 5 × 4 = ___
   so
   6 × 4 = ___
   ___ × 6 = ___

ORIGO Stepping Stones 3 • 9.2

WHAT IS IT?

The longer it goes, the shorter it grows.

★ Figure out each of these and write the total. Then write each letter above its matching total at the bottom of the page. Some letters appear more than once.

56 + 57 = ____ g

77 + 75 = ____ l

96 + 98 = ____ i

66 + 68 = ____ u

97 + 95 = ____ b

67 + 65 = ____ d

67 + 68 = ____ n

85 + 87 = ____ r

58 + 57 = ____ e

86 + 88 = ____ c

75 + 76 = ____ a

Working Space

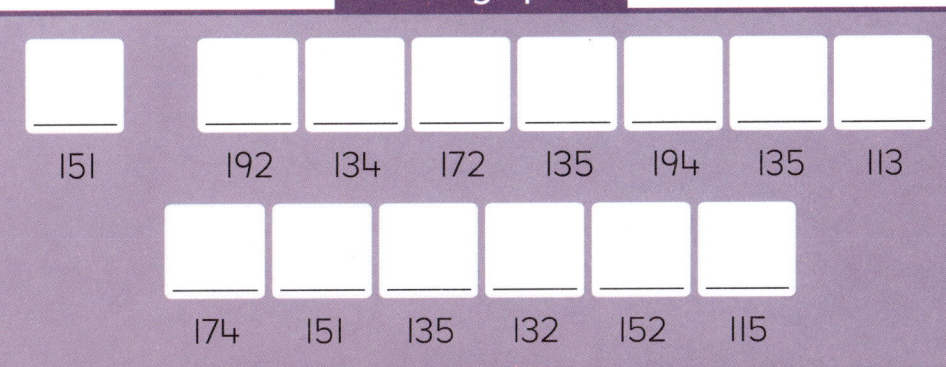

___ ___ ___ ___ ___ ___ ___ ___
151 192 134 172 135 194 135 113

___ ___ ___ ___ ___ ___
174 151 135 132 152 115

1. Color the ⬭ beside the thinking you could use to figure out the product for the nines fact. Then write the product.

a. 9 × 6 = ____
○ 10 × 6 then subtract 6
○ 10 × 6 then subtract 9
○ 10 × 6 then subtract 10

b. 9 × 3 = ____
○ 10 × 3 then subtract 9
○ 10 × 3 then subtract 10
○ 10 × 3 then subtract 3

c. 9 × 5 = ____
○ 10 × 9 then subtract 9
○ 10 × 5 then subtract 5
○ 10 × 5 then subtract 10

2. Color an array to match the numbers given. Then complete the fact family to match.

a. 4 × 9 = ____
__ × __ = __
__ ÷ __ = __
__ ÷ __ = __

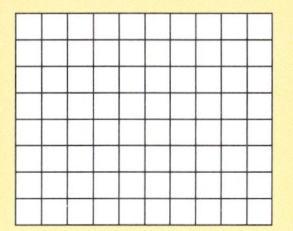

b. 7 × 9 = ____
__ × __ = __
__ ÷ __ = __
__ ÷ __ = __

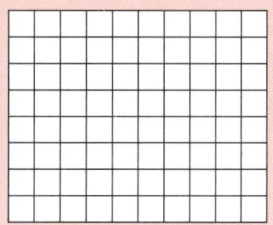

c. 3 × 9 = ____
__ × __ = __
__ ÷ __ = __
__ ÷ __ = __

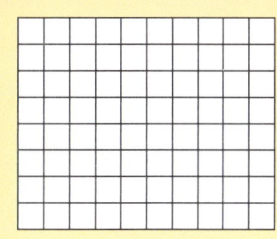

d. 5 × 9 = ____
__ × __ = __
__ ÷ __ = __
__ ÷ __ = __

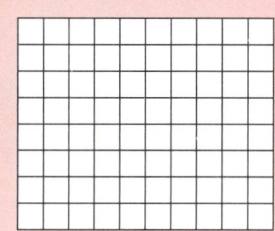

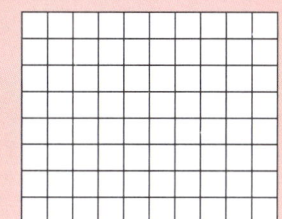

3. Complete the two multiplication sentences to help you figure out the total number of dots. Then complete the sixes fact.

a. 
5 × 3 = ____
1 × 3 = ____
6 × 3 = ____

b. 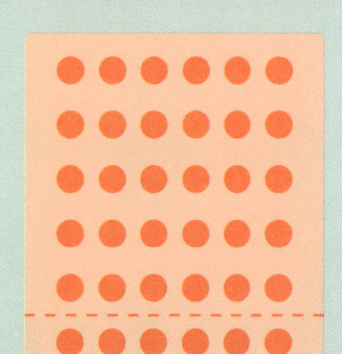
5 × 6 = ____
1 × 6 = ____
6 × 6 = ____

ORIGO Stepping Stones 3 • 9.4

1. Write number sentences to figure out these problems.

   a. Jacob put up 4 strings of garden lights. Each string had 9 lights. How many lights were there?

   b. William placed 8 packs of water on the store shelf. Each pack had 6 bottles. How many bottles did he place on the shelf?

2. Complete these standard addition algorithms.

   a. H T O
         6 7
     +   1 8

   b. H T O
         5 6
     +   2 7

   c. H T O
       2 7 6
     +   5 5

   d. H T O
       3 6 8
     +   7 4

   e. H T O
       1 4 6
     + 4 2 8

   f. H T O
       3 7 3
     + 4 8 8

3. This chart shows the first 5 square numbers. Write the matching multiplication facts.

1st	2nd	3rd	4th	5th
1 × 1 = ___	2 × 2 = ___	___ × ___ = ___	___ × ___ = ___	___ × ___ = ___

ORIGO Stepping Stones 3 · 9.6

RACE TRACK

Time Taken:

★ Write the product and the turnaround fact for each of these. Use the classroom clock to time yourself.

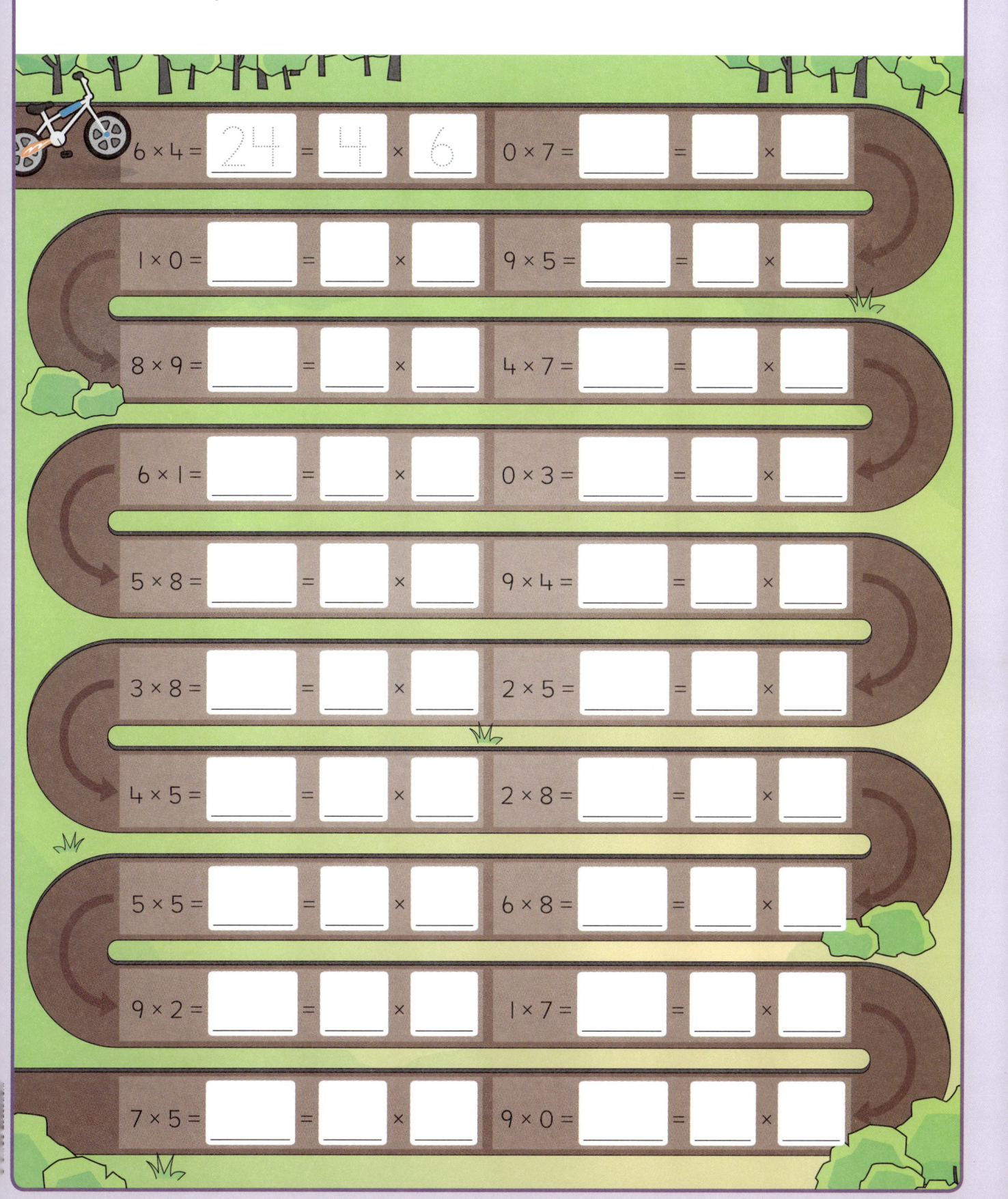

6 × 4 = 24 = 4 × 6   0 × 7 = ___ = ___ × ___

1 × 0 = ___ = ___ × ___   9 × 5 = ___ = ___ × ___

8 × 9 = ___ = ___ × ___   4 × 7 = ___ = ___ × ___

6 × 1 = ___ = ___ × ___   0 × 3 = ___ = ___ × ___

5 × 8 = ___ = ___ × ___   9 × 4 = ___ = ___ × ___

3 × 8 = ___ = ___ × ___   2 × 5 = ___ = ___ × ___

4 × 5 = ___ = ___ × ___   2 × 8 = ___ = ___ × ___

5 × 5 = ___ = ___ × ___   6 × 8 = ___ = ___ × ___

9 × 2 = ___ = ___ × ___   1 × 7 = ___ = ___ × ___

7 × 5 = ___ = ___ × ___   9 × 0 = ___ = ___ × ___

ORIGO Stepping Stones 3 • 9.7

81

1. Write the missing numbers.

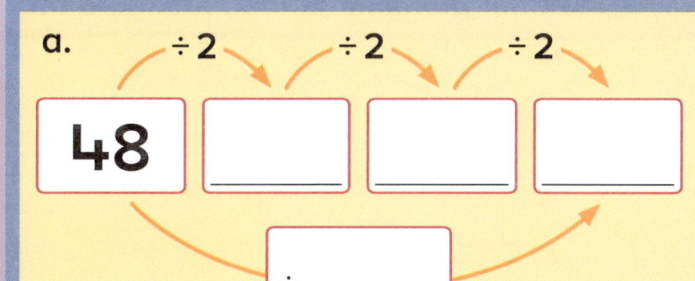

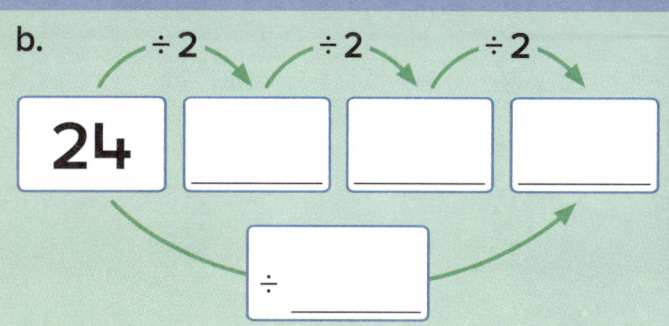

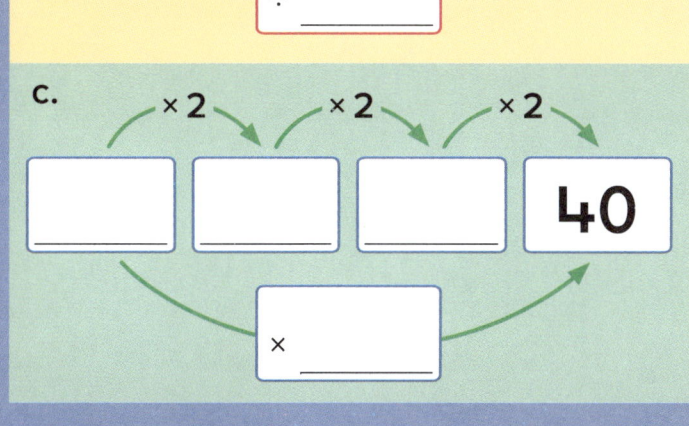

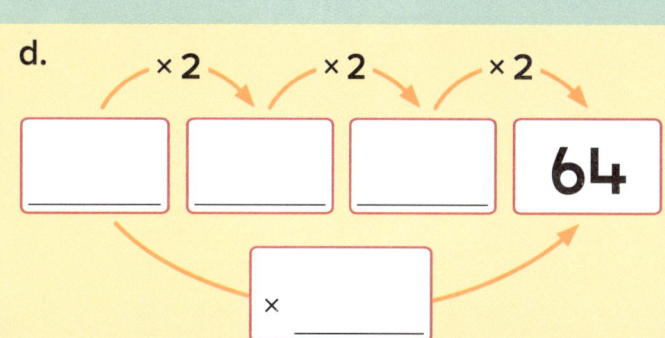

a. 48 ÷2→ ___ ÷2→ ___ ÷2→ ___   ÷___

b. 24 ÷2→ ___ ÷2→ ___ ÷2→ ___   ÷___

c. ___ ×2→ ___ ×2→ ___ ×2→ 40   ×___

d. ___ ×2→ ___ ×2→ ___ ×2→ 64   ×___

2. Read the scale. Then write the mass in words.

a.

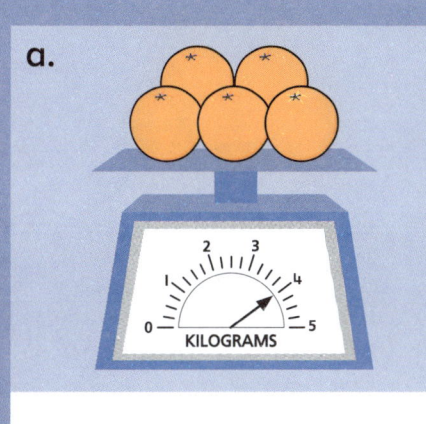

b.

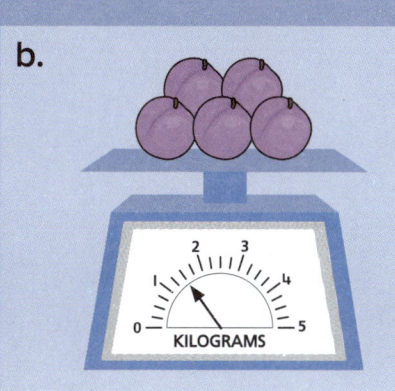

c.

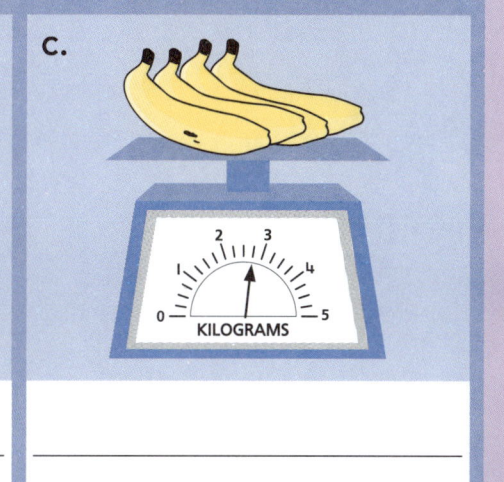

3. Write the dimensions in the order you would multiply and then write the product.

a. ___ × ___ × ___ = ___

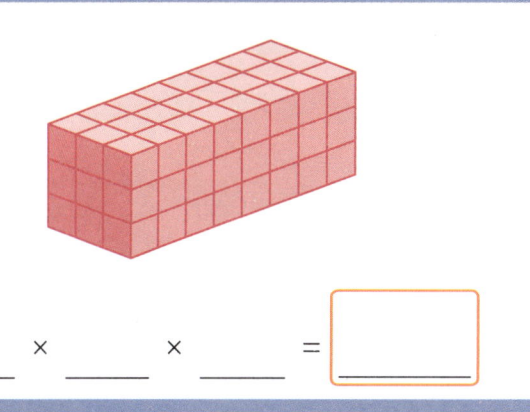

b. ___ × ___ × ___ = ___

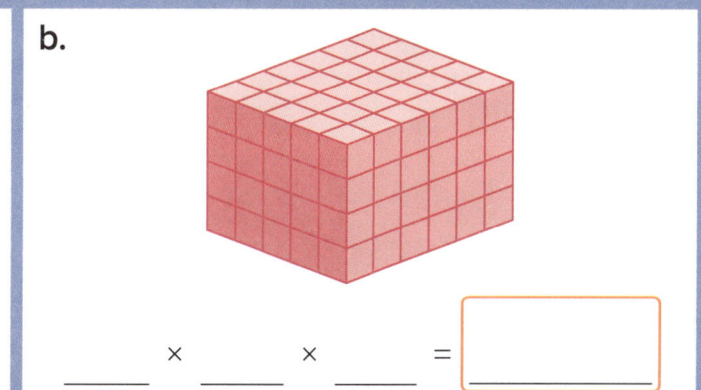

ORIGO Stepping Stones 3 9.8   82

1. For each of these, color the ○ beside the best description of the answer.

a. **9 ÷ 0**
○ not possible
○ has to be 0
○ cannot be decided

b. **0 ÷ 5**
○ not possible
○ has to be 0
○ cannot be decided

c. **0 ÷ 0**
○ not possible
○ has to be 0
○ cannot be decided

2. Color the mass pieces you would need to make one kilogram.

a. 250 g, 250 g, 250 g, 250 g, 250 g, 250 g, 250 g, 250 g

b. 200 g, 200 g, 200 g, 200 g, 200 g, 200 g

3. Write facts to match.

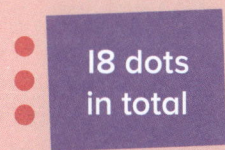

a. 18 dots in total
___ × ___ = ___
___ ÷ ___ = ___

b. 54 dots in total
___ × ___ = ___
___ ÷ ___ = ___

c. 42 dots in total
___ × ___ = ___
___ ÷ ___ = ___

d. 49 dots in total
___ × ___ = ___
___ ÷ ___ = ___

e. 21 dots in total
___ × ___ = ___
___ ÷ ___ = ___

f. 9 dots in total
___ × ___ = ___
___ ÷ ___ = ___

CONNECTIONS

What is the hardest bone in the human body?

★ Write a multiplication fact you can use to figure out each division fact. Then write the answers. Draw a straight line from each answer on the left to a matching answer on the right. The line will pass through a letter and a number. Write the letter above its matching number at the bottom of the page.

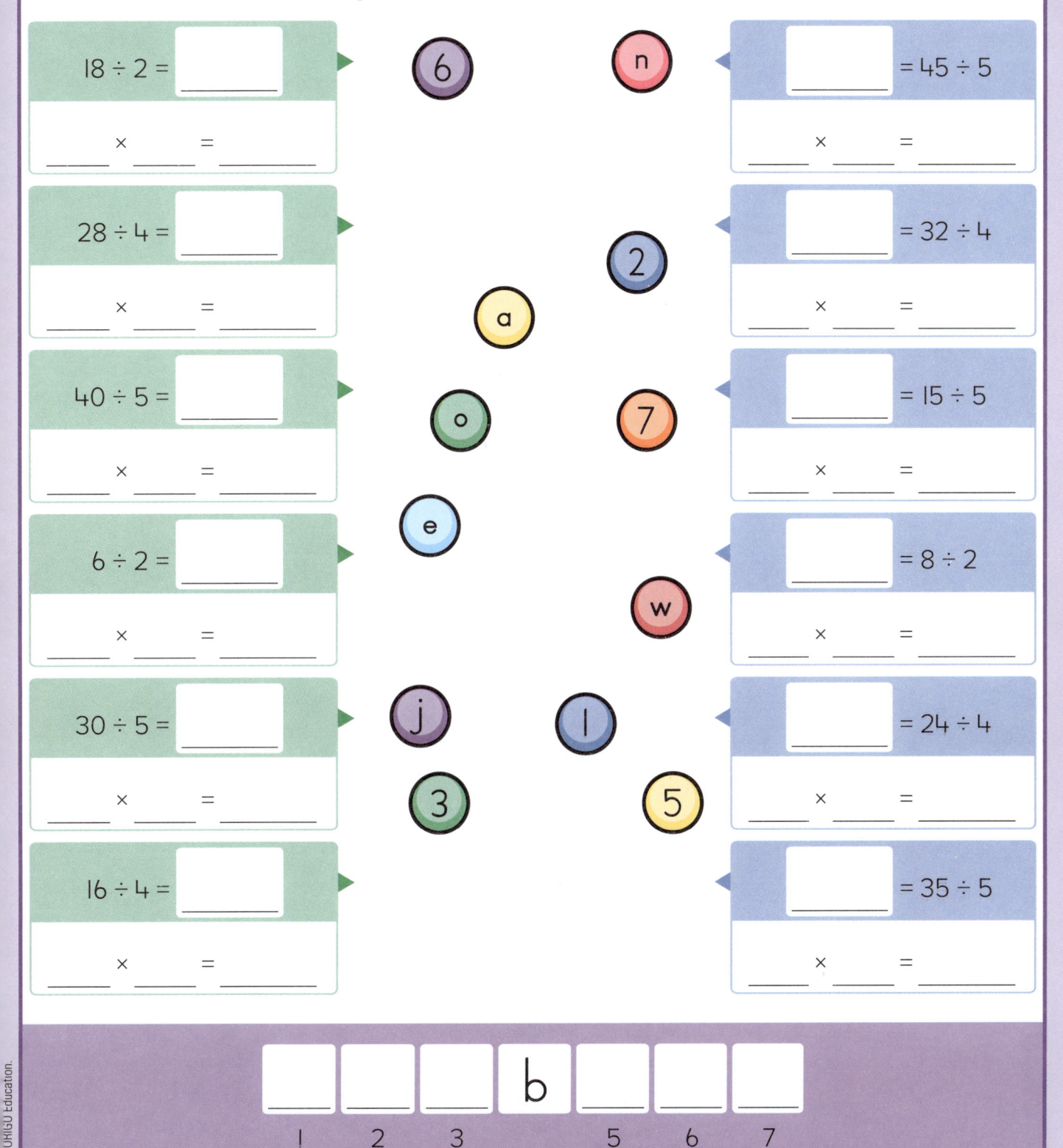

$18 \div 2 =$ ___
___ × ___ = ___

___ $= 45 \div 5$
___ × ___ = ___

$28 \div 4 =$ ___
___ × ___ = ___

___ $= 32 \div 4$
___ × ___ = ___

$40 \div 5 =$ ___
___ × ___ = ___

___ $= 15 \div 5$
___ × ___ = ___

$6 \div 2 =$ ___
___ × ___ = ___

___ $= 8 \div 2$
___ × ___ = ___

$30 \div 5 =$ ___
___ × ___ = ___

___ $= 24 \div 4$
___ × ___ = ___

$16 \div 4 =$ ___
___ × ___ = ___

___ $= 35 \div 5$
___ × ___ = ___

Letter circles: 6, n, a, 2, o, 7, e, w, j, l, 3, 5

___ ___ ___ b ___ ___ ___
1   2   3   4 5   6   7

1. Look at this line plot.

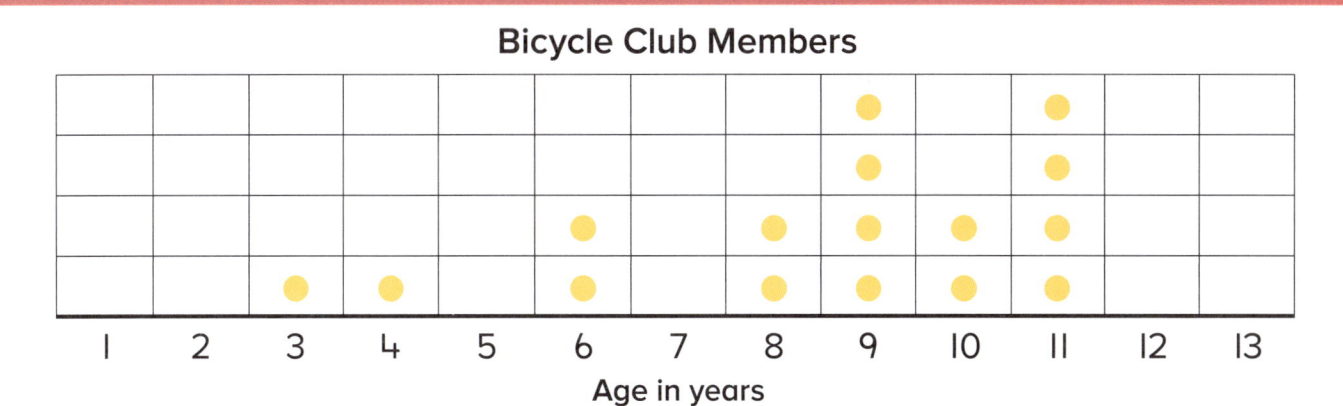

Bicycle Club Members

Age in years

a. Which ages were recorded most often? _____

b. How many members were younger than 7 years old? _____

c. Draw more ● to show these new members.

| Grace 7 years old | James 13 years old | Janice 8 years old | Luis 12 years old |

2. Look at these items.

a. Draw a ✔ on four items that make 1 kg.   b. Loop five items that make 1 kg.

SLICED MEAT 125g
COOKIES 250g
TUNA 125 g
COFFEE 250g
BAKED BEANS 250g
TOMATOES 500g
CARROTS 1 kg
BREAD 750g
YOGURT 125 g

3. Complete each equation.

a. (6 + 7) × 2 = _____

b. 9 × (12 ÷ 4) = _____

c. 20 − (8 + 4) = _____

d. 24 ÷ (4 × 2) = _____

e. 3 × (8 ÷ 8) = _____

f. 5 × (32 ÷ 4) = _____

1. Complete these to show matching times.

a. ____ minutes past ____
   ____ minutes to ____

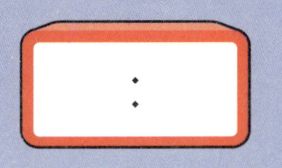

b. 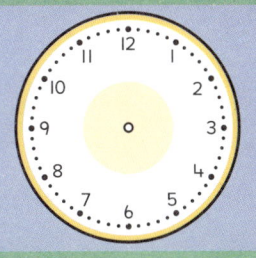 ____ minutes past ____
   ____ minutes to ____

   5:47

2. Write the product for the fives fact. Then use the fact to complete the sixes fact and its turnaround.

a. 5 × 8 = ____
   so
   6 × 8 = ____
   ____ × 6 = ____

b. 5 × 3 = ____
   so
   6 × 3 = ____
   ____ × 6 = ____

c. 5 × 7 = ____
   so
   6 × 7 = ____
   ____ × 6 = ____

3. Count the number of square inches. Write the area.

a. Area is ____ square inches

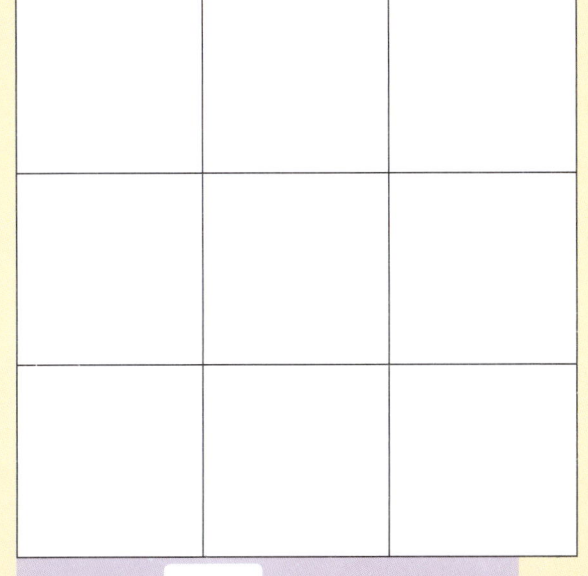

b. Area is ____ square inches

DING-A-LING

Why do some bulls wear bells?

★ Figure out each of these in your head and write the difference. Then write each letter above its matching difference at the bottom of the page. Some letters appear more than once.

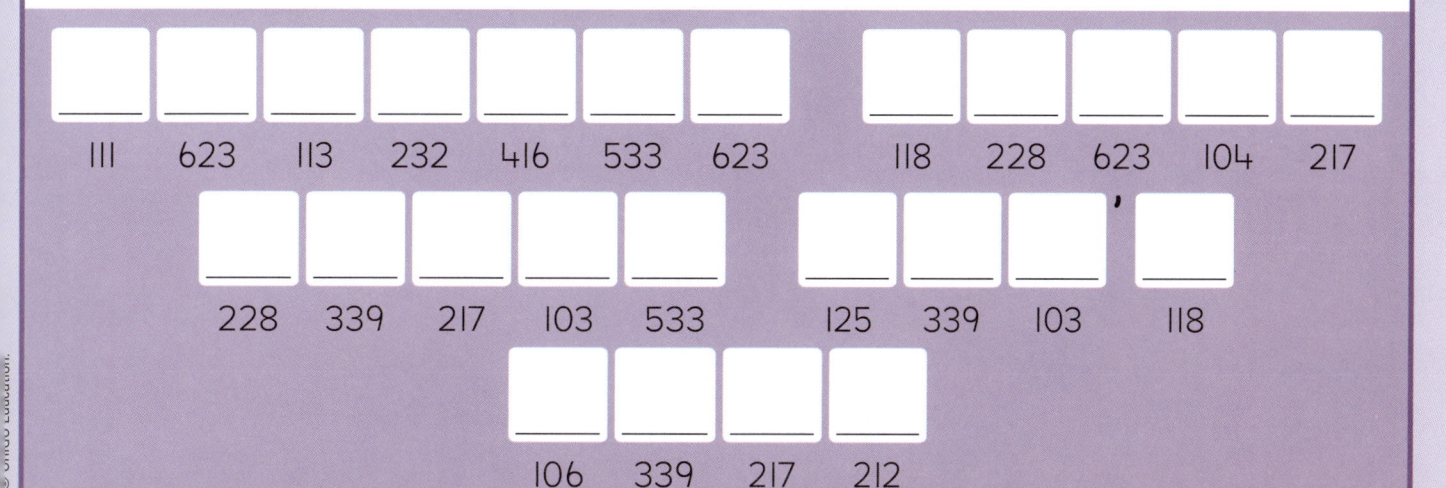

150 − 37 =	c	576 − 43 =	s
285 − 68 =	r	154 − 36 =	t
160 − 49 =	b	295 − 63 =	a
464 − 48 =	u	687 − 64 =	e
376 − 37 =	o	192 − 88 =	i
270 − 58 =	k	182 − 79 =	n
179 − 54 =	d	267 − 39 =	h
152 − 46 =	w		

111 623 113 232 416 533 623   118 228 623 104 217

228 339 217 103 533   125 339 103 118

106 339 217 212

1. Estimate the total cost. Then use the standard addition algorithm to calculate the exact cost.

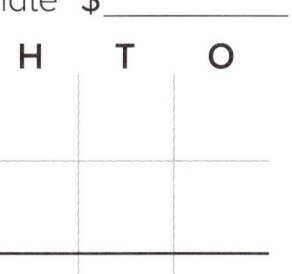

a. $42 $356

Estimate $ _____

```
  H  T  O
  
+
  _____
```

b. $254 $315

Estimate $ _____

```
  H  T  O
  
+
  _____
```

c. $124 $342

Estimate $ _____

```
  H  T  O
  
+
  _____
```

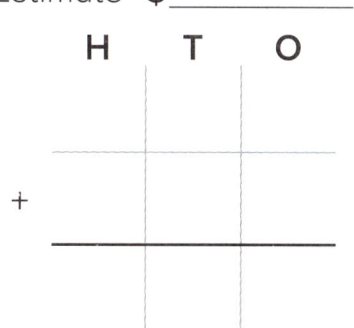

2. Write four multiplication facts to match each of these.

a. Facts with a product greater than 60 but less than 70.

____ × ____ = ____

____ × ____ = ____

____ × ____ = ____

____ × ____ = ____

b. Facts with a product between 40 and 50.

____ × ____ = ____

____ × ____ = ____

____ × ____ = ____

____ × ____ = ____

c. Facts with a product close to 13.

____ × ____ = ____

____ × ____ = ____

____ × ____ = ____

____ × ____ = ____

3. Use ones blocks to cover each rectangle without leaving gaps. Write the area.

A

Area _____ sq cm

B

Area _____ sq cm

C

Area _____ sq cm

1. Complete these standard addition algorithms.

a.
	H	T	O
	2	5	8
+		2	7

b.
	H	T	O
	3	1	6
+		5	7

c.
	H	T	O
	1	4	5
+		3	8

2. Write the dimensions in the order that you would multiply to calculate the total number of cubes. Then write the total.

a. ___ × ___ × ___ = ___

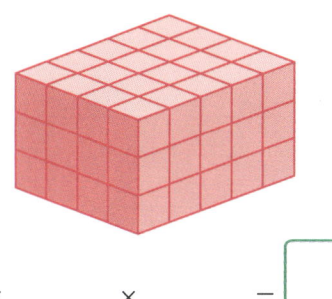

b. ___ × ___ × ___ = ___

3. For each of these, use the grid lines to draw a rectangle that matches the description. Then use multiplication to calculate the area.

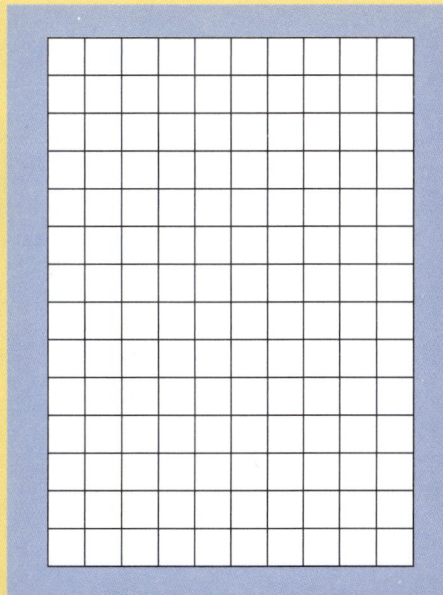

a. 9 units × 5 units

Area _____ sq units

b. 6 units × 8 units

Area _____ sq units

c. 7 units × 4 units

Area _____ sq units

ORIGO Stepping Stones 3 • 10.6

RACE TRACK

Time Taken:

★ For each of these, write the the product and then write the turnaround fact. Use the classroom clock to time yourself.

9 × 1 = ☐ ☐ × ☐ = ☐

7 × 9 = ☐ ☐ × ☐ = ☐

5 × 6 = ☐ ☐ × ☐ = ☐

6 × 8 = ☐ ☐ × ☐ = ☐

2 × 6 = ☐ ☐ × ☐ = ☐

8 × 9 = ☐ ☐ × ☐ = ☐

6 × 3 = ☐ ☐ × ☐ = ☐

6 × 0 = ☐ ☐ × ☐ = ☐

9 × 2 = ☐ ☐ × ☐ = ☐

4 × 6 = ☐ ☐ × ☐ = ☐

4 × 9 = ☐ ☐ × ☐ = ☐

10 × 9 = ☐ ☐ × ☐ = ☐

6 × 7 = ☐ ☐ × ☐ = ☐

1 × 6 = ☐ ☐ × ☐ = ☐

6 × 9 = ☐ ☐ × ☐ = ☐

9 × 3 = ☐ ☐ × ☐ = ☐

0 × 9 = ☐ ☐ × ☐ = ☐

1. Complete these standard addition algorithms.

a.
H	T	O
4	3	7
+	4	8

b.
H	T	O
3	8	4
+	4	3

c.
H	T	O
2	4	8
+	2	3

2. Color an array to match the numbers given. Then complete the fact family to match.

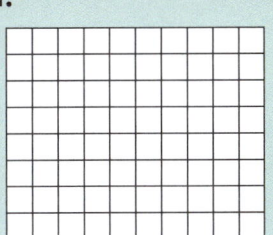

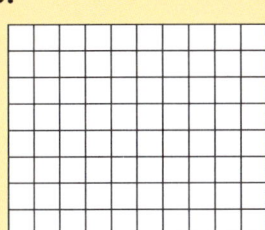

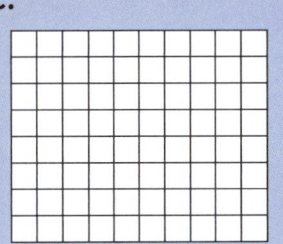

a.

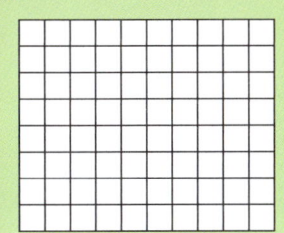

$7 \times 3 =$ _____

___ $\times$ ___ $=$ ___

___ $\div$ ___ $=$ ___

___ $\div$ ___ $=$ ___

b.

$6 \times 7 =$ _____

___ $\times$ ___ $=$ ___

___ $\div$ ___ $=$ ___

___ $\div$ ___ $=$ ___

c.

$6 \times 9 =$ _____

___ $\times$ ___ $=$ ___

___ $\div$ ___ $=$ ___

___ $\div$ ___ $=$ ___

d.

$6 \times 3 =$ _____

___ $\times$ ___ $=$ ___

___ $\div$ ___ $=$ ___

___ $\div$ ___ $=$ ___

3. Draw a line to split each rectangle into two parts that are easy for you to multiply. Then calculate the area.

a.

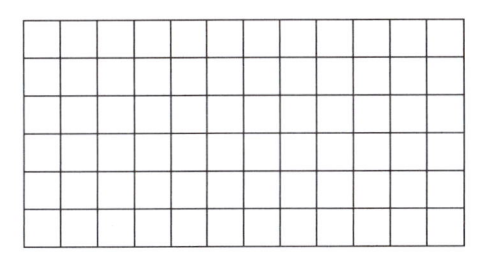

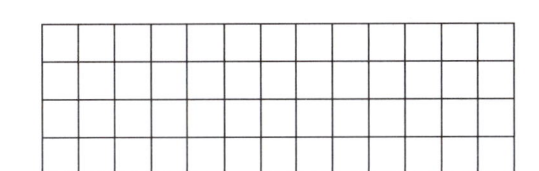

Area _____ sq units

b.

Area _____ sq units

ORIGO Stepping Stones 3 • 10.8

1. Complete facts to match each of these.

a. 27 dots in total

___ × ___ = ___

___ ÷ ___ = ___

b. 54 dots in total

___ × ___ = ___

___ ÷ ___ = ___

c. 36 dots in total

___ × ___ = ___

___ ÷ ___ = ___

d. 63 dots in total

___ × ___ = ___

___ ÷ ___ = ___

2. Complete each equation.

a. 5 × (12 − 4) = _____

b. (3 + 4) × 7 = _____

c. 42 ÷ (12 − 6) = _____

d. 30 − (12 + 12) = _____

e. (20 − 8) ÷ 4 = _____

f. 3 × (21 ÷ 3) = _____

3. Calculate the area of each shape. Then show how you figured it out.

a. Area _____ sq units

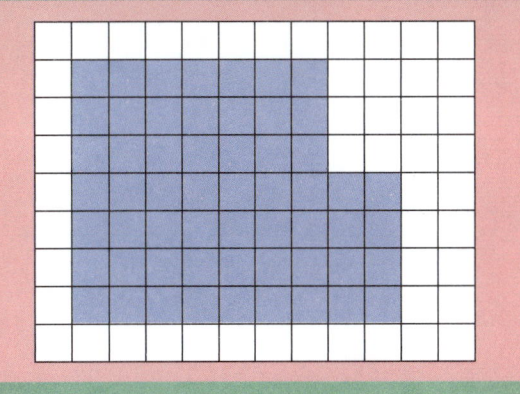

b. Area _____ sq units

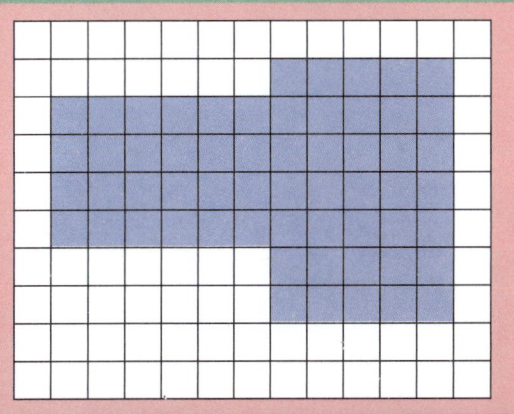

TWISTERS

What twists and turns around America but never moves?

★ Write a multiplication fact you can use to figure out each division fact. Then write the answers. Draw a straight line from each answer on the left to a matching answer on the right. The line will pass through a number and a letter. Write the letter above its matching number at the bottom of the page.

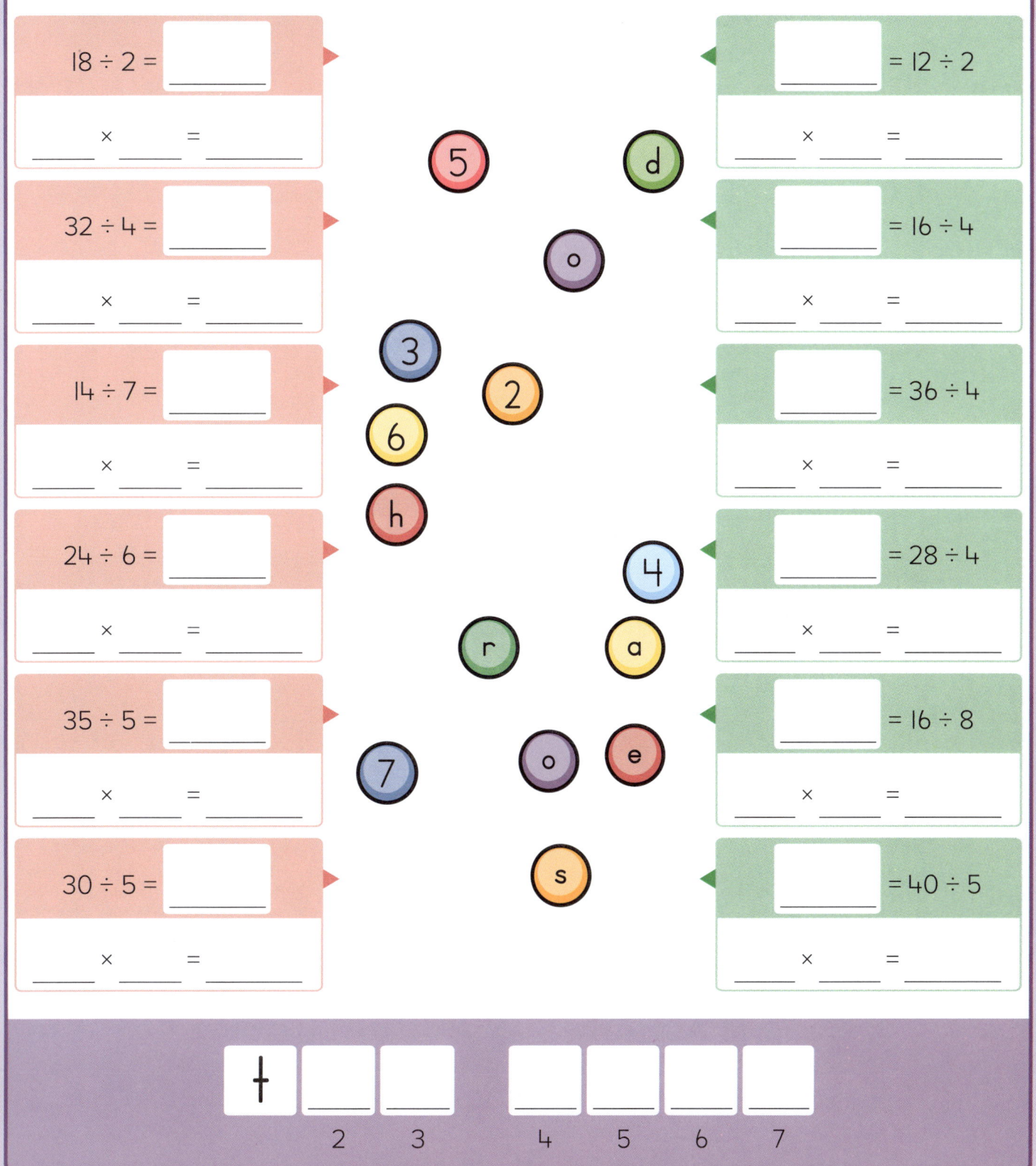

18 ÷ 2 = ___
___ × ___ = ___

___ = 12 ÷ 2
___ × ___ = ___

32 ÷ 4 = ___
___ × ___ = ___

___ = 16 ÷ 4
___ × ___ = ___

14 ÷ 7 = ___
___ × ___ = ___

___ = 36 ÷ 4
___ × ___ = ___

24 ÷ 6 = ___
___ × ___ = ___

___ = 28 ÷ 4
___ × ___ = ___

35 ÷ 5 = ___
___ × ___ = ___

___ = 16 ÷ 8
___ × ___ = ___

30 ÷ 5 = ___
___ × ___ = ___

___ = 40 ÷ 5
___ × ___ = ___

t _ _   _ _ _ _
2 3 4 5 6 7

1. Draw a needle on each scale to show the mass.

a.

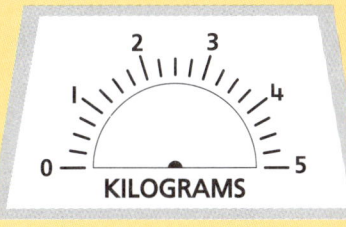

two and one-fourth of a kilogram

b.

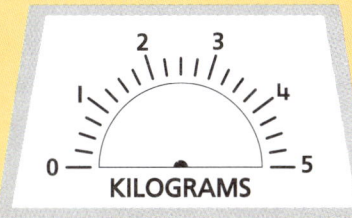

three kilograms

c.

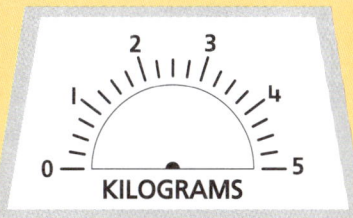

four and one-half of a kilogram

2. Read the word problem. Then color the ○ beside the thinking you would use to figure out the answer.

a.
Lilly saved $3 each week for 4 weeks.
Her mom also gave her $5.
How much money does she have?

○ (3 × 5) + 4
○ 3 × 4 + 5
○ 3 × (4 + 5)

b.
Mr. Rose had $20. He spent $8 then shared the change equally among his 3 grandchildren. How much money was in each share?

○ 20 − (8 ÷ 3)
○ 20 − 8 ÷ 3
○ (20 − 8) ÷ 3

c.
A six-pack of bottled water costs $3.
If you bought 2 packs, how much change would you get from $10?

○ (6 × 2) − 10
○ 10 − (3 × 2)
○ 10 − (6 × 2)

3. Loop the objects that are prisms.

a.

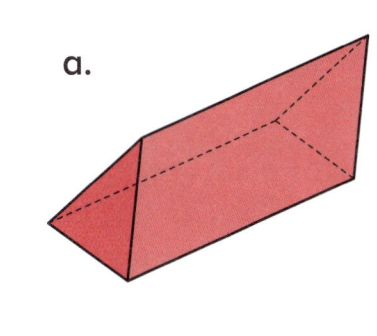

b.

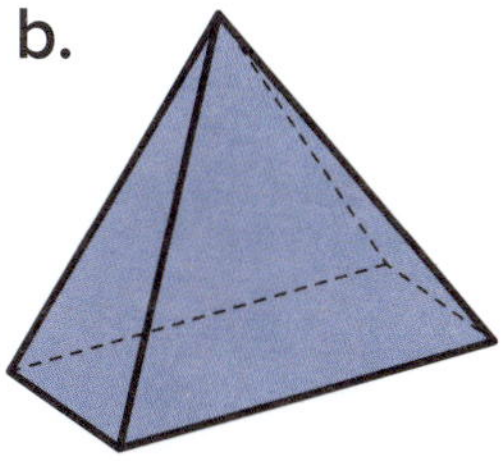

c.

d.

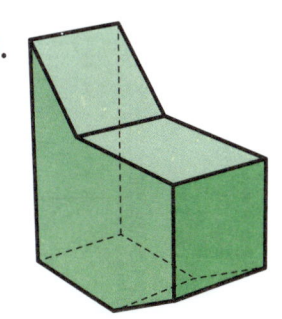

1. Write three different ways you could read each of these times.

a.

b.

2. Draw a simple picture to match each story. Then label the dimensions on your picture and calculate the area.

a. A pool is 9 feet long, 6 feet wide, and 4 feet deep. What is the area of the pool?

Area _____ sq ft

b. A room is 6 meters long and 5 meters wide. What is the area of the room?

Area _____ sq m

3. Color the shapes and write the fractions to match.

a. $\frac{3}{4}$

is the same as

___

b. $\frac{2}{6}$

is the same as

___

ORIGO Stepping Stones 3 · 11.2

BUILDING BLOCKS

What is the largest structure ever made by living creatures?

★ Figure out each of these. Then write each letter above its matching product at the bottom of the page.

9 × 8 = ____ h
8 × 7 = ____ e
2 × 9 = ____ e
9 × 9 = ____ a
6 × 9 = ____ t
5 × 8 = ____ r
5 × 5 = ____ e
3 × 9 = ____ a
4 × 8 = ____ g
5 × 7 = ____ f

1 × 9 = ____ r
5 × 9 = ____ i
8 × 3 = ____ e
6 × 5 = ____ r
9 × 4 = ____ t
8 × 2 = ____ r
9 × 0 = ____ e
7 × 4 = ____ r
7 × 9 = ____ b

____ ____ ____   ____ ____ ____ ____ ____
36 72 18   32 9 24 27 54

____ ____ ____ ____ ____ ____ ____   ____ ____ ____ ____
63 81 16 28 45 0 40   30 56 25 35

1. Look at the blocks. Write the matching number on the place-value chart and expander.

a.

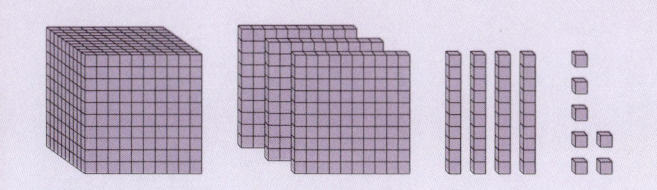

Th	H	T	Ones

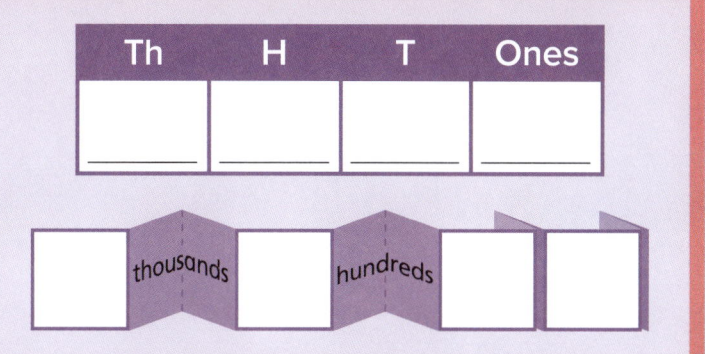

thousands   hundreds

b.

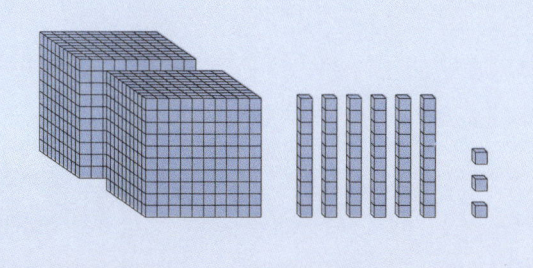

Th	H	T	Ones

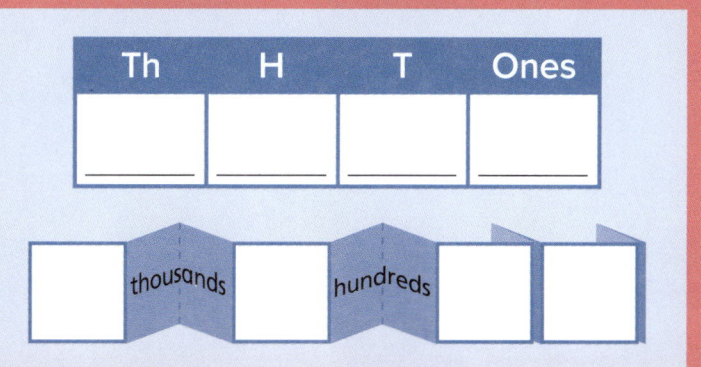

thousands   hundreds

2. Write other pairs of dimensions that match the area given.

a. Area is 12 sq units

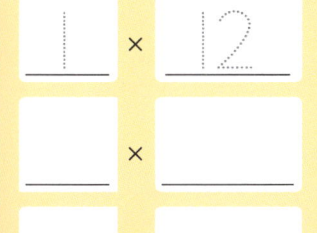

1 × 12
___ × ___
___ × ___

b. Area is 28 sq units

1 × 28
___ × ___
___ × ___

c. Area is 30 sq units

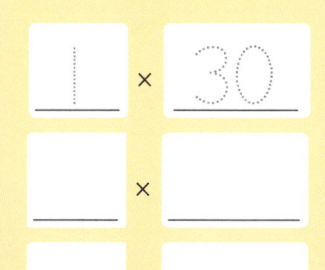

1 × 30
___ × ___
___ × ___

d. Area is 36 sq units

1 × 36
___ × ___
___ × ___

3. Color the shapes and write the equivalent fractions to match.

a. $\frac{14}{6}$

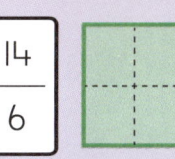

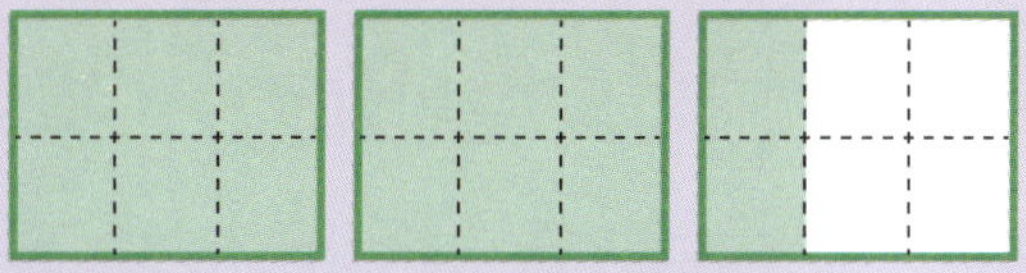

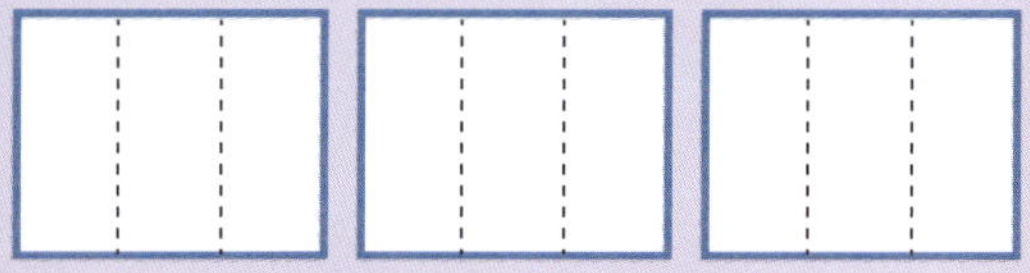

b. $\frac{5}{2}$

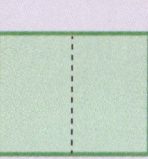

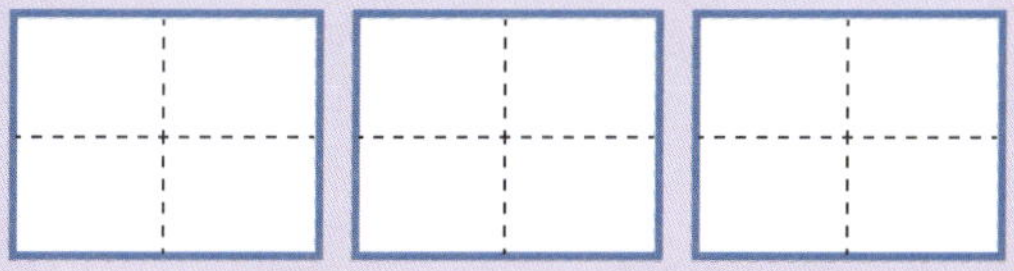

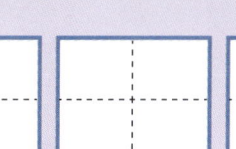

1. This table shows the number of movies watched by the Martinez family during the summer months. Complete the picture graph below to show the results.

Month	Number of Movies
June	14
July	9
August	6
September	17

◯ means 2 movies

Movies Watched

Month: June, July, August, September

2. Color the prisms. Loop the pyramids.

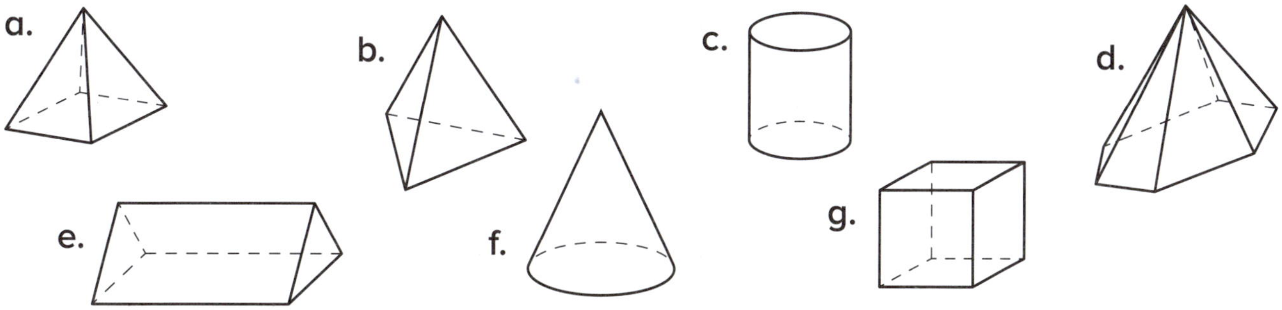

a. b. c. d. e. f. g.

3. Each red and blue shape is one whole. Write the fraction shown by each group of shapes. Then loop the **greater** fraction.

a.

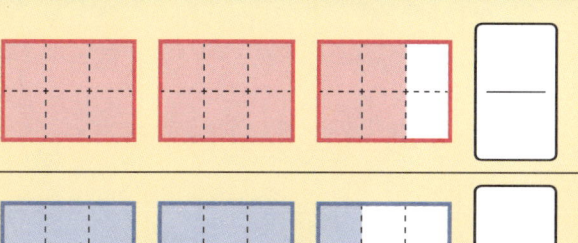

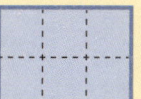

b.

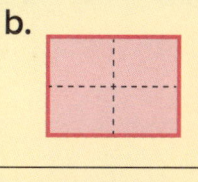

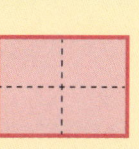

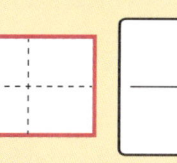

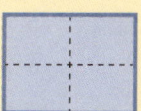

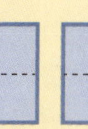

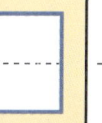

RACE TRACK

Time Taken:

★ For each of these, write the multiplication fact you would use to help figure out the division fact. Then write the answers. Use the classroom clock to time yourself.

40 ÷ 8 = ___   ___ × ___ = ___

28 ÷ 4 = ___   ___ × ___ = ___

20 ÷ 5 = ___   ___ × ___ = ___

16 ÷ 4 = ___   ___ × ___ = ___

45 ÷ 5 = ___   ___ × ___ = ___

12 ÷ 6 = ___   ___ × ___ = ___

15 ÷ 3 = ___   ___ × ___ = ___

16 ÷ 2 = ___   ___ × ___ = ___

35 ÷ 5 = ___   ___ × ___ = ___

18 ÷ 9 = ___   ___ × ___ = ___

32 ÷ 8 = ___   ___ × ___ = ___

25 ÷ 5 = ___   ___ × ___ = ___

36 ÷ 4 = ___   ___ × ___ = ___

10 ÷ 2 = ___   ___ × ___ = ___

30 ÷ 6 = ___   ___ × ___ = ___

12 ÷ 4 = ___   ___ × ___ = ___

14 ÷ 2 = ___   ___ × ___ = ___

1. Estimate the total cost. Then record your thinking to figure out the exact cost.

a. $314 $562

Estimate $ _____

Exact cost $ _____

b. $405 $173

Estimate $ _____

Exact cost $ _____

c. $623 $254

Estimate $ _____

Exact cost $ _____

2. Calculate the area of each green shape. Then show how you figured it out.

a.

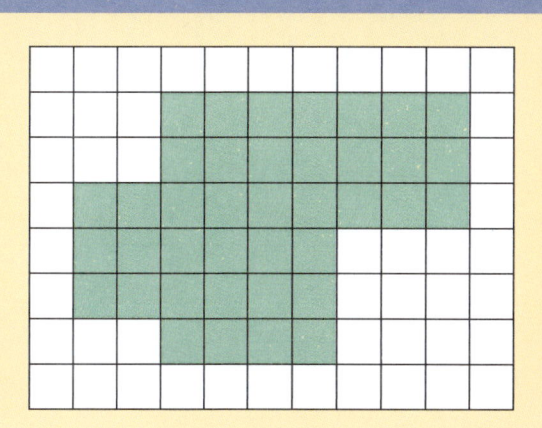

Area _____ sq units

b.

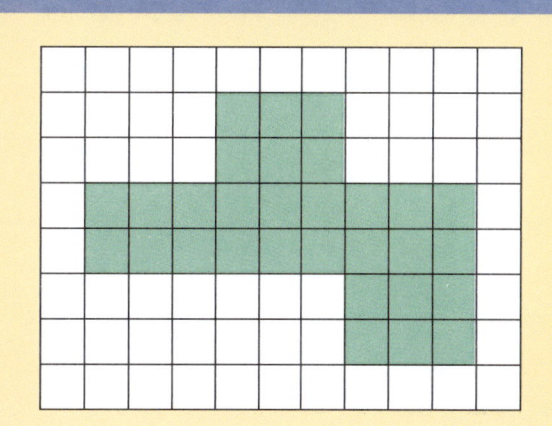

Area _____ sq units

3. Loop the fraction that is **greater** in each pair. Use the fraction chart to help.

a. $\frac{3}{8}$ or $\frac{1}{4}$

b. $\frac{1}{2}$ or $\frac{5}{8}$

c. $\frac{1}{2}$ or $\frac{3}{4}$

d. $\frac{2}{2}$ or $\frac{7}{8}$

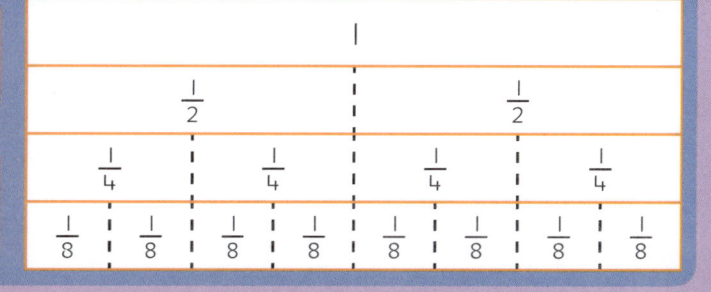

ORIGO Stepping Stones 3 · 11.8

1. Complete these standard addition algorithms.

a.
H	T	O
2	4	8
+	2	7

b.
H	T	O
4	1	6
+	5	6

c.
H	T	O
	3	6
+	8	3

d.
H	T	O
	4	5
+	9	2

e.
H	T	O
3	1	8
+ 1	5	7

f.
H	T	O
4	7	2
+ 2	5	6

2. Use real objects to help you complete this table. The base of each object is shaded.

Prisms	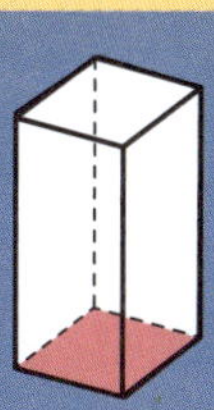	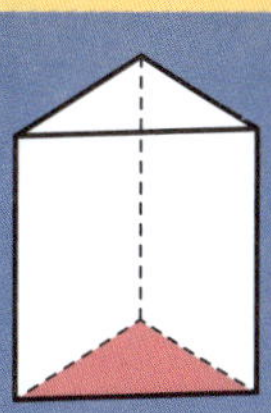	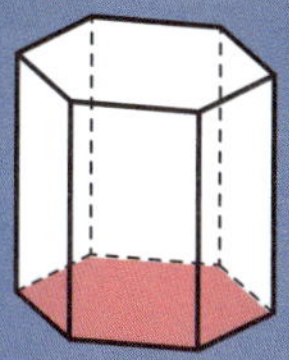
Number of faces			
Number of vertices			
Shape of base			
Number of sides on base			

3. Use the standard subtraction algorithm to calculate each price difference.

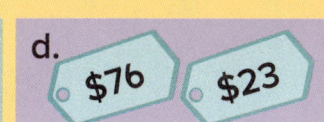

a. $576 $341
H	T	O
5	7	6
− 3	4	1

b. $42 $87
T	O

c. $685 $323
H	T	O

d. $76 $23
T	O

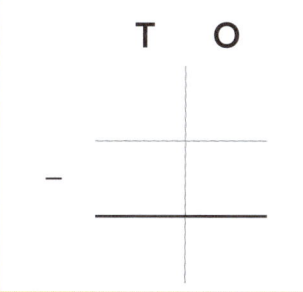

ORIGO Stepping Stones 3 · 11.10

FEELING SICK?

Why did fifteen people walk out of the restaurant at nine o'clock?

★ Figure out each of these and write the answer. Write each letter above the matching answer in the grid below. Some letters appear more than once.

170 + 29 = ___	y	207 + 48 = ___	n
380 − 27 = ___	s	140 − 65 = ___	t
56 + 124 = ___	d	71 + 309 = ___	a
268 − 239 = ___	r	333 − 79 = ___	g
243 + 49 = ___	m	135 + 37 = ___	e
252 − 47 = ___	f	453 − 427 = ___	h
38 + 361 = ___	l	65 + 129 = ___	i

Grid answers:
75, 26, 172, 199, 26, 380, 180, 380, 399, 399
205, 194, 255, 194, 353, 26, 172, 180
172, 380, 75, 194, 255, 254, 75, 26, 172, 194, 29
292, 172, 380, 399, 353

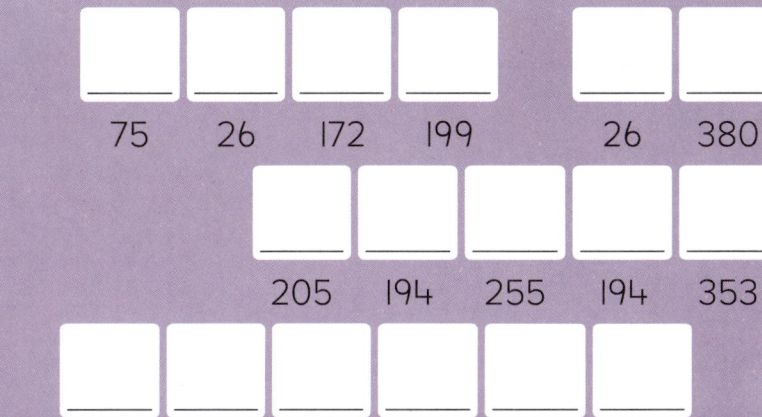

ORIGO Stepping Stones 3 • 11.11

1. Color one circle to show an amount that can be equally shared among nine. Then color an array to show how the amount can be split into equal rows.

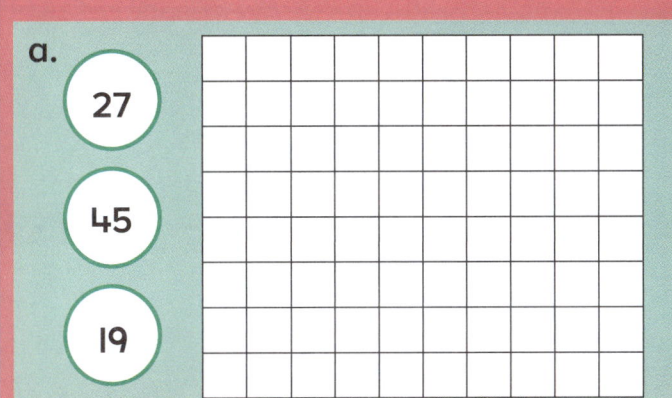

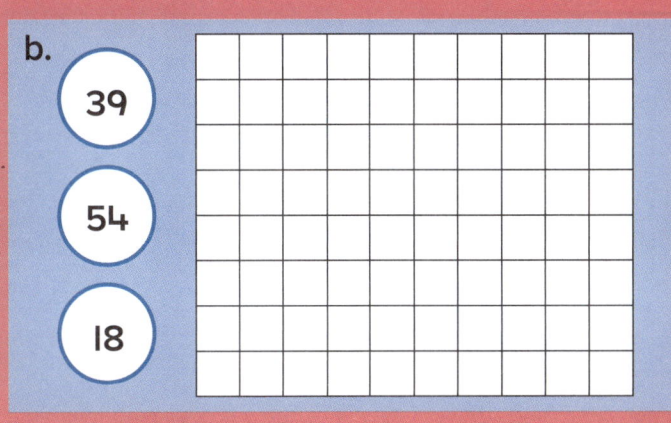

a. 27, 45, 19

b. 39, 54, 18

2. Use real objects to help you complete this table. The base of each object is shaded.

Pyramids			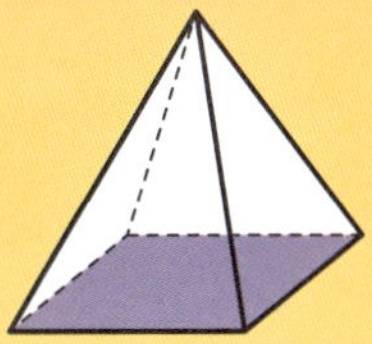
Number of faces			
Number of vertices			
Shape of base			
Number of sides on base			

3. Change blocks to show the regrouping you need to do. Then change the numbers and complete the standard subtraction algorithm.

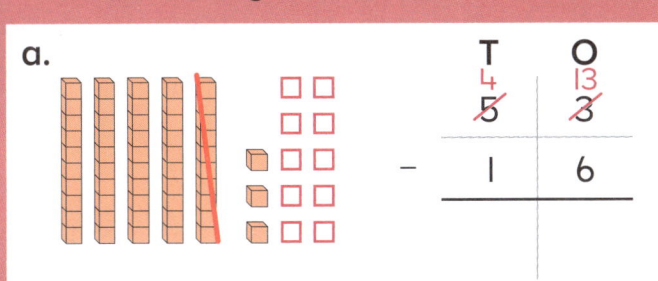

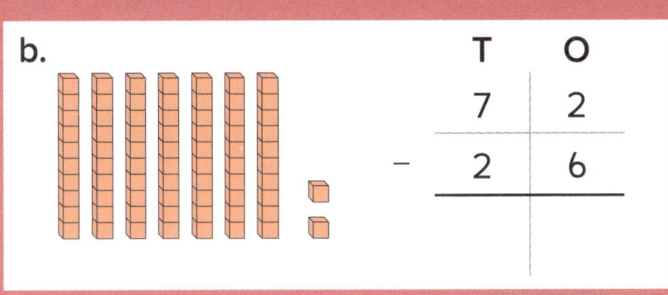

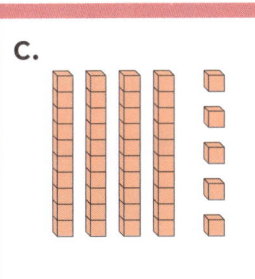

a.
```
   T   O
   4  13
   5   3
-  1   6
```

b.
```
   T   O
   7   2
-  2   6
```

c.
```
   T   O
   4   5
-  1   8
```

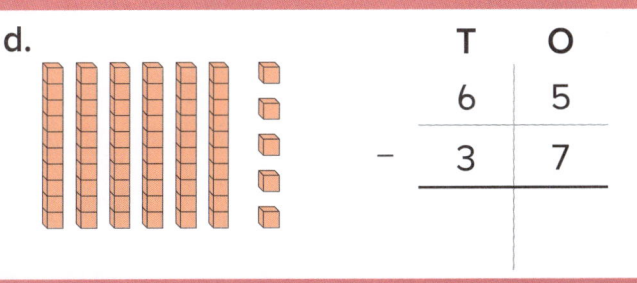

d.
```
   T   O
   6   5
-  3   7
```

ORIGO Stepping Stones 3 • 11.12

103

1. This table shows the favorite after-school activities for 3rd Grade. Complete the bar graph below to show the results.

Activity	Number of Votes
Television	10
Homework	5
Reading	19
Sports	16

Title: _____

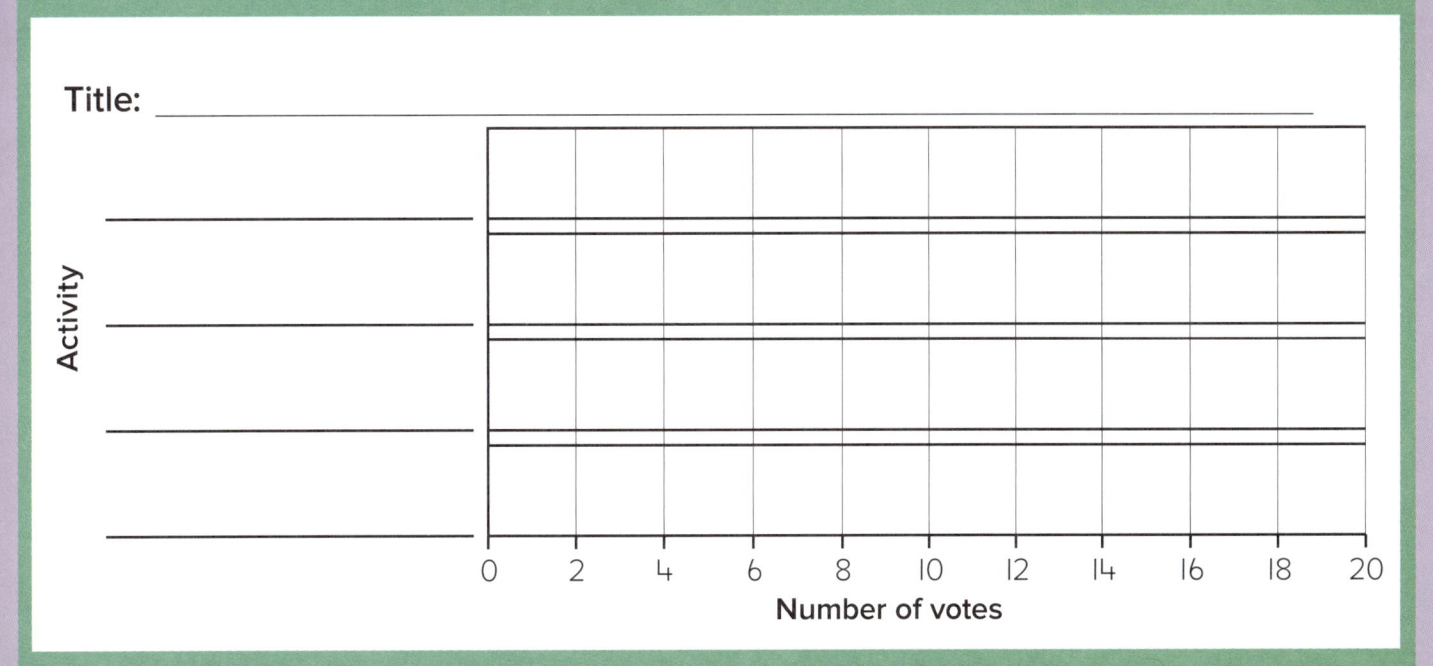

Activity

Number of votes: 0, 2, 4, 6, 8, 10, 12, 14, 16, 18, 20

2. Each large shape is one whole. For each shape write the fraction that is shaded. Then loop the **greater** fraction in each pair.

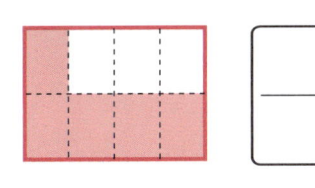

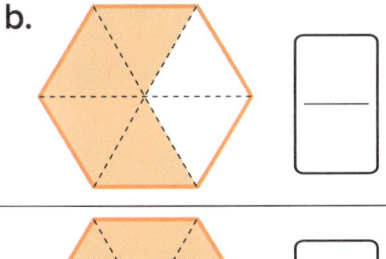

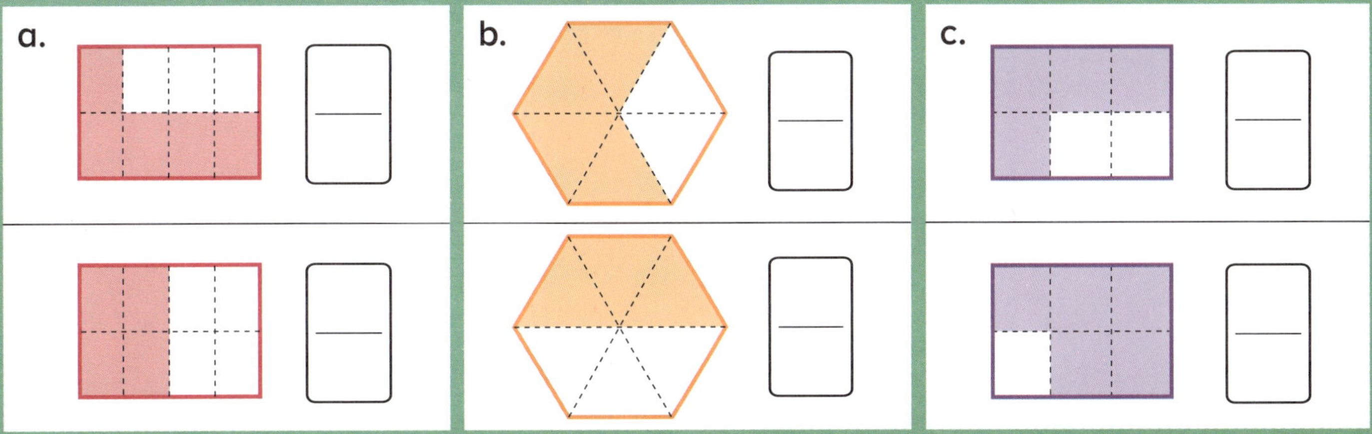

a.

b.

c.

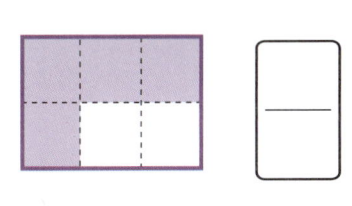

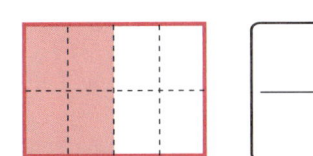

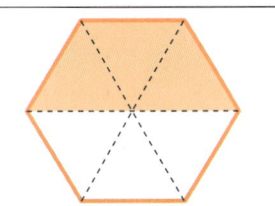

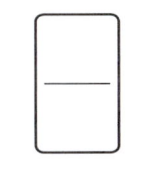

3. Use this number line to help you answer the questions.

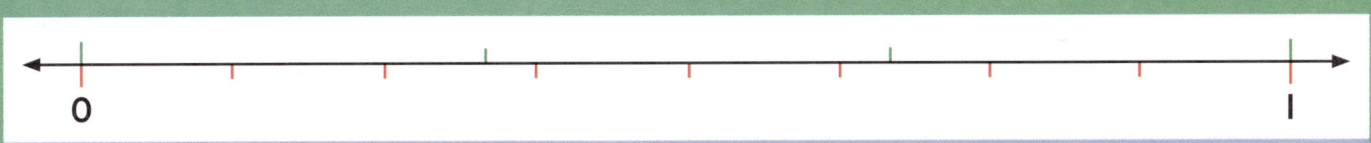

0 ———————————— 1

a. Which fraction is closest to $\frac{1}{3}$? $\frac{}{8}$

b. Which fraction is closest to $\frac{2}{3}$? $\frac{}{8}$

ORIGO Stepping Stones 3 • 12.2

FUN FACT

★ Figure out each of these and write the product. Then write each letter above the matching product at the bottom of the page. Some letters appear more than once.

7 × 7 = ____ a
8 × 6 = ____ u
4 × 4 = ____ r
7 × 3 = ____ e
9 × 8 = ____ l
8 × 1 = ____ c
2 × 7 = ____ o
6 × 6 = ____ m

3 × 6 = ____ s
8 × 8 = ____ n
5 × 4 = ____ w
7 × 6 = ____ t
4 × 6 = ____ d
0 × 7 = ____ b
9 × 9 = ____ g
9 × 3 = ____ k

____ ____ ____ ____   ____ ____ ____
21 36 48 18   49 64 24

____ ____ ____ ____ ____ ____ ____ ____ ____
27 49 64 81 49 16 14 14 18

____ ____ ____ ____ ____ ____   ____ ____ ____ ____
8 49 64 64 14 42   20 49 72 27

____ ____ ____ ____ ____ ____ ____ ____
0 49 8 27 20 49 16 24

1. Complete these standard addition algorithms.

a.
H	T	O
3	5	2
+1	3	6

b.
H	T	O
4	3	7
+	5	6

c.
H	T	O
2	8	3
+	7	6

d.
H	T	O
3	6	5
+2	0	8

2. Loop the fraction that is **greater** in each pair. Use this fraction chart to help.

a. $\frac{3}{8}$ or $\frac{2}{6}$

b. $\frac{2}{3}$ or $\frac{3}{6}$

c. $\frac{3}{4}$ or $\frac{4}{6}$

d. $\frac{1}{3}$ or $\frac{2}{8}$

e. $\frac{5}{8}$ or $\frac{2}{3}$

f. $\frac{3}{3}$ or $\frac{7}{8}$

3. On each number line, the distance from 0 to 1 is one whole. Draw a line from each fraction to its position on the number line. Then write the equivalent fractions.

a. $\frac{3}{4} = \frac{}{8}$

b. $\frac{5}{4} = \frac{}{}$

c. $\frac{7}{4} = \frac{}{}$

d. $\frac{10}{4} = \frac{}{}$

e. $\frac{1}{2} = \frac{}{}$

f. $\frac{3}{2} = \frac{}{}$

g. $\frac{5}{2} = \frac{}{}$

h. $\frac{8}{2} = \frac{}{}$

1. Write a number sentence to match each problem. Then write the answer.

a. Noah had $20. He bought lunch for $12 then shared the change equally between his two children. How much did they each receive?

$ _____

b. Zola had $50. She bought 3 tickets for $8 each. How much money does she have left?

$ _____

2. For each of these, use the standard subtraction algorithm to calculate the difference between the price and the amount in the wallet.

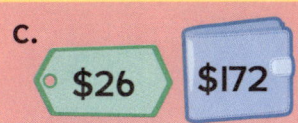

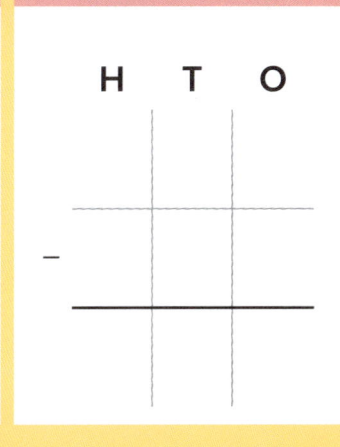

a. $47 $184

H T O

b. $28 $263

H T O

c. $26 $172

H T O

d. $38 $385

H T O

3. On this number line, the distance from 0 to 1 is one whole. In each pair, loop the fraction that is greater. Use the number line to help you.

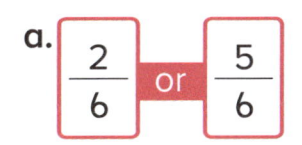

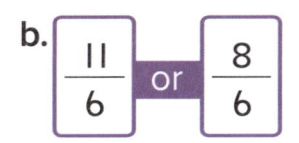

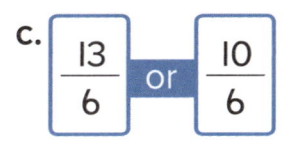

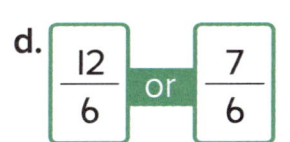

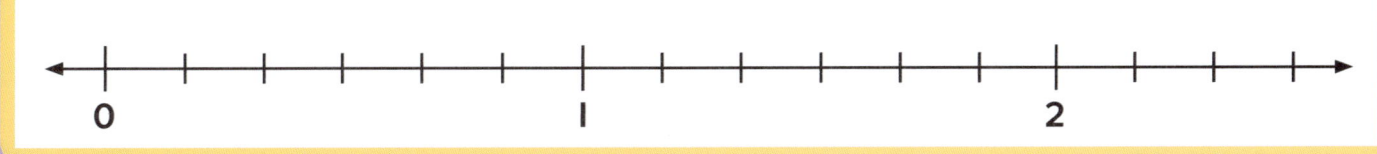

a. $\frac{2}{6}$ or $\frac{5}{6}$

b. $\frac{11}{6}$ or $\frac{8}{6}$

c. $\frac{13}{6}$ or $\frac{10}{6}$

d. $\frac{12}{6}$ or $\frac{7}{6}$

0   1   2

ORIGO Stepping Stones 3 • 12.6

IT'S DELIVERY TIME AGAIN

★ These pallets need to be sorted into the correct vans. Figure out and write each answer. Then color each pallet to match the van with the same answer.

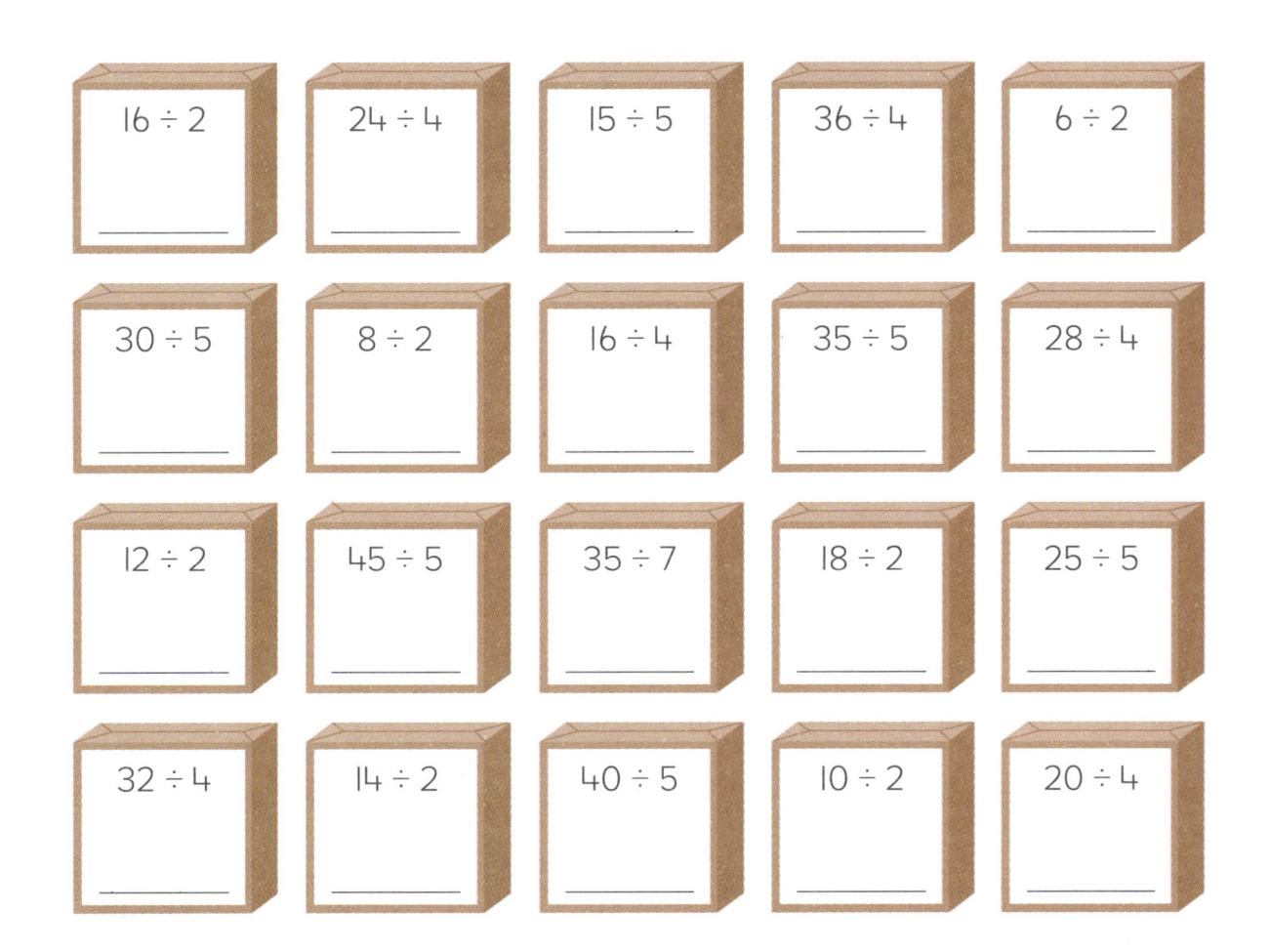

16 ÷ 2	24 ÷ 4	15 ÷ 5	36 ÷ 4	6 ÷ 2
30 ÷ 5	8 ÷ 2	16 ÷ 4	35 ÷ 5	28 ÷ 4
12 ÷ 2	45 ÷ 5	35 ÷ 7	18 ÷ 2	25 ÷ 5
32 ÷ 4	14 ÷ 2	40 ÷ 5	10 ÷ 2	20 ÷ 4

Which city will receive the most pallets? _____

DETROIT 7 DENVER 9 LAS VEGAS 6

SEATTLE 3 ATLANTA 8 PORTLAND 5 EL PASO 4

1. a. Use the grid lines to draw three different rectangles.

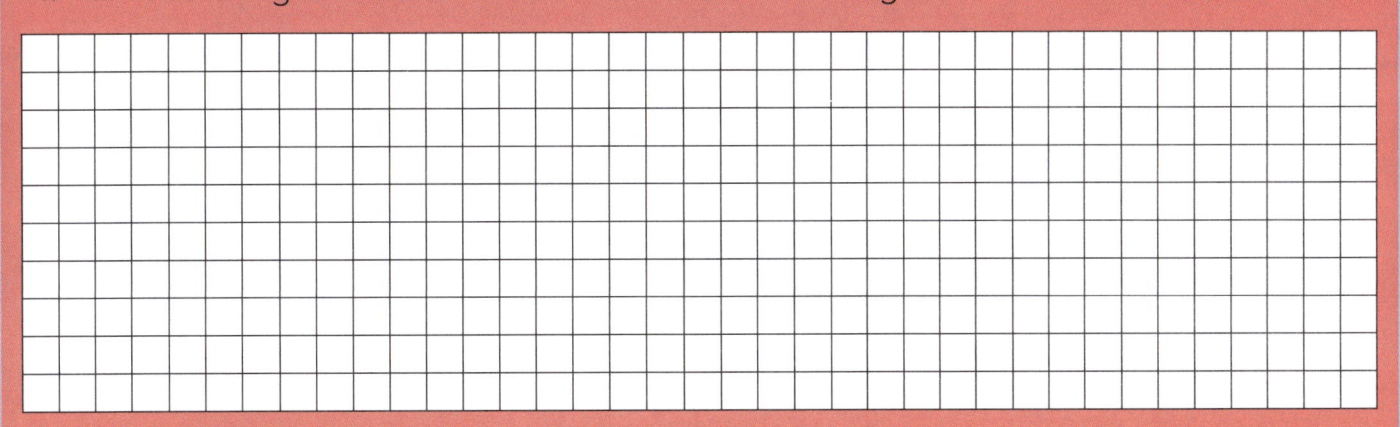

b. In each rectangle you drew, write the area in square units (sq units).

c. Write **G** inside the rectangle with the **greatest** area.

d. Write **L** inside the rectangle with the **least** area.

2. Estimate the difference. Then use the standard subtraction algorithm to calculate the exact difference.

a. Estimate _____

H	T	O
3	1	9
−	6	5

b. Estimate _____

H	T	O
1	3	7
−	5	4

c. Estimate _____

H	T	O
2	4	6
−	7	3

d. Estimate _____

H	T	O
1	2	8
−	4	1

3. On each number line, the distance from 0 to 1 is one whole. Write **<**, **>**, or **=** to make each sentence true.

a. $\dfrac{1}{3}$ ◯ $\dfrac{2}{8}$

b. $\dfrac{7}{8}$ ◯ $\dfrac{3}{3}$

c. $\dfrac{4}{3}$ ◯ $\dfrac{9}{8}$

d. $\dfrac{5}{3}$ ◯ $\dfrac{12}{8}$

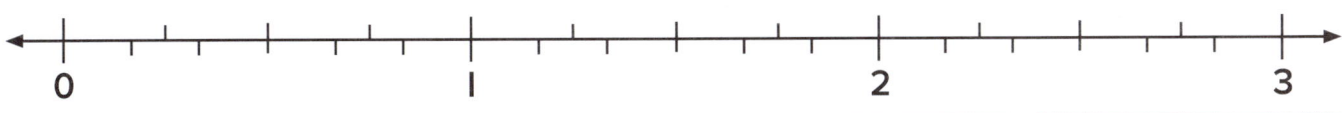

e. $\dfrac{2}{4}$ ◯ $\dfrac{3}{6}$

f. $\dfrac{7}{6}$ ◯ $\dfrac{5}{4}$

g. $\dfrac{9}{4}$ ◯ $\dfrac{12}{6}$

h. $\dfrac{10}{4}$ ◯ $\dfrac{15}{6}$

1. Write the product for each part. Then write the total.

a.
5 × 10 = _____   5 × 4 = _____

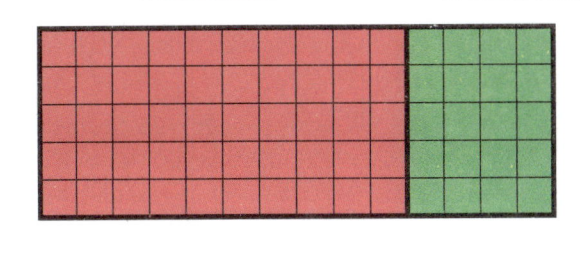

5 × 14 = _____

b.
3 × 10 = _____   3 × 4 = _____

3 × 14 = _____

2. Complete these standard addition algorithms.

a.
H	T	O
3	8	0
+	4	7

b.
H	T	O
2	0	9
+	6	5

c.
H	T	O
4	5	7
+ 1	4	0

d.
H	T	O
5	6	3
+ 2	0	8

3. Use a centimeter ruler to measure the sides of each shape. Label each side then calculate the perimeter.

a.

Perimeter _____ cm

b.

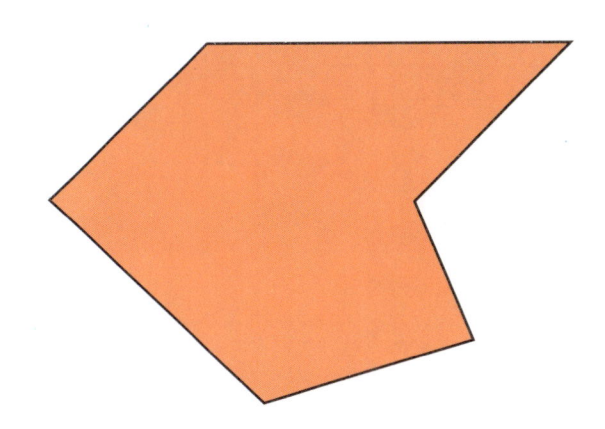

Perimeter _____ cm

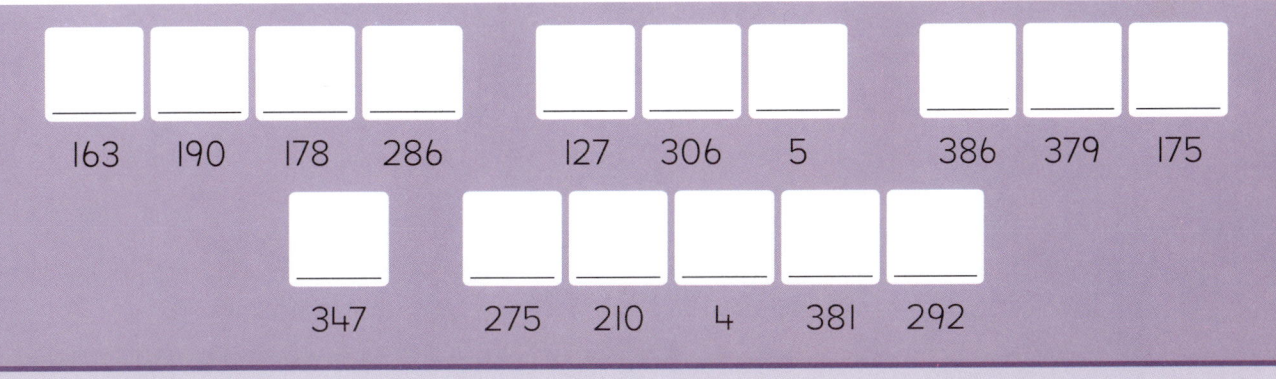

FRIDAYS

When is it unlucky to be followed by a black cat?

★ Figure out each of these and write the answer. Write each letter above its matching answer at the bottom of the page.

150 + 28 = ___	e	308 + 39 = ___	a
353 − 47 = ___	o	230 − 55 = ___	e
37 + 153 = ___	h	58 + 234 = ___	e
190 − 63 = ___	y	450 − 240 = ___	o
337 + 49 = ___	a	126 + 37 = ___	w
354 − 349 = ___	u	532 − 528 = ___	u
49 + 237 = ___	n	62 + 317 = ___	r
460 − 79 = ___	s	340 − 65 = ___	m

163   190   178   286   127   306   5   386   379   175

347   275   210   4   381   292

1. Calculate the area of each green shape. Then show how you figured it out.

a.

Area _____ sq units

b.

Area _____ sq units

2. Solve these problems. Show your thinking.

a. Jack collected 264 aluminum cans. Zoe collected 312 cans. How many more cans did Zoe collect than Jack?

_____ cans

b. Eva bought a scooter for $89 and a helmet for $24. How much change will she get from $150?

$_____

3. a. Draw two different rectangles that each have an area of 24 sq units. Label them A and B.

b. Complete this chart to show the dimensions of your rectangles.

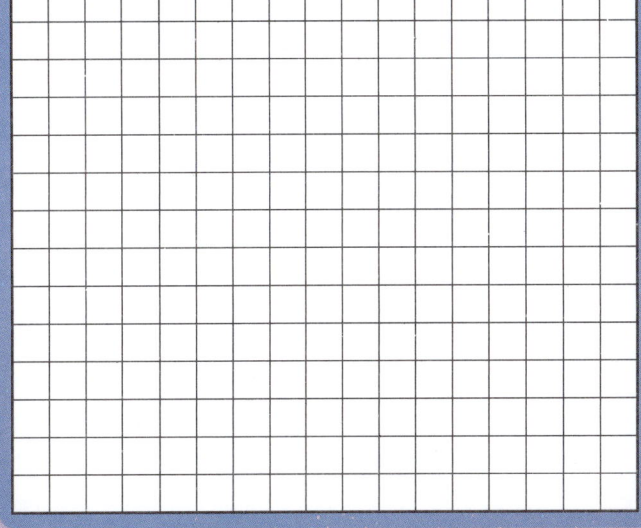

	A	B
Length	_____ units	_____ units
Width	_____ units	_____ units
Perimeter	_____ units	_____ units

Working Space

Working Space